全国职业培训推荐教材
人力资源和社会保障部教材办公室评审通过
适合于职业技能短期培训使用

锻造工基本技能

（第二版）

中国劳动社会保障出版社

图书在版编目(CIP)数据

锻造工基本技能/尹常阜编写. —2 版. —北京：中国劳动社会保障出版社，2009

职业技能短期培训教材

ISBN 978-7-5045-8033-7

Ⅰ. 锻…　Ⅱ. 尹…　Ⅲ. 锻造-技术培训-教材　Ⅳ. TG31

中国版本图书馆 CIP 数据核字(2009)第 162710 号

中国劳动社会保障出版社出版发行

（北京市惠新东街 1 号　邮政编码：100029）

出 版 人：张梦欣

*

北京华正印刷有限公司印刷装订　新华书店经销

850 毫米×1168 毫米　32 开本　5 印张　122 千字

2009 年 9 月第 2 版　2014 年 9 月第 6 次印刷

定价：10.00 元

读者服务部电话：010-64929211/64921644/84643933

发行部电话：010-64961894

出版社网址：http://www.class.com.cn

前言

职业技能培训是提高劳动者知识与技能水平、增强劳动者就业能力的有效措施。职业技能短期培训，能够在短期内使受培训者掌握一门技能，达到上岗要求，顺利实现就业。

为了适应开展职业技能短期培训的需要，促进短期培训向规范化发展，提高培训质量，中国劳动社会保障出版社组织编写了职业技能短期培训系列教材，涉及二产和三产百余种职业（工种）。在组织编写教材的过程中，以相应职业（工种）的国家职业标准和岗位要求为依据，并力求使教材具有以下特点：

短。教材适合 15～30 天的短期培训，在较短的时间内，让受培训者掌握一种技能，从而实现就业。

薄。教材厚度薄，字数一般在 10 万字左右。教材中只讲述必要的知识和技能，不详细介绍有关的理论，避免多而全，强调有用和实用，从而将最有效的技能传授给受培训者。

易。内容通俗，图文并茂，容易学习和掌握。教材以技能操作和技能培养为主线，用图文相结合的方式，通过实例，一步步地介绍各项操作技能，便于学习、理解和对照操作。

这套教材适合于各级各类职业学校、职业培训机构在开展职业技能短期培训时使用。欢迎职业学校、培训机构和读者对教材中存在的不足之处提出宝贵意见和建议。

人力资源和社会保障部教材办公室

简介

本书在第一版《锻造工基本技能》的基础上修订，围绕锻造工的实际工作内容构建教材结构，针对职业技能短期培训学员的特点，突出操作技能的培养。本书分四个单元，锻造基本知识部分包括图样识读、下料与加热、锻件的冷却与热处理、锻件表面清理、锻件质量检验和锻工安全技术等；自由锻造部分结合实例，介绍了自由锻造工具与设备、锻造操作中的手势信号、手工锻造操作、自由锻造工艺等；锤上模锻部分介绍了模锻设备、锤上模锻工艺及锤上模锻操作；胎模锻造部分介绍了胎模的结构及操作、胎模锻造工艺、胎模锻造操作。各单元的内容贴近生产实践、语言通俗易懂、配图丰富、操作具体，克服了传统教材偏重理论、与生产实践脱节的弊端，拉近了培训与岗位的距离，能帮助读者更快、更好地掌握锻造操作技能。

本书由尹常阜编写。

目录

第一单元　锻造基本知识

培训目标

1. 能看懂机械制图一般技术要求。
2. 掌握自由锻常用的下料方法。
3. 掌握钢在加热过程中避免产生缺陷的措施。
4. 掌握钢的加热温度和加热规范。
5. 了解始锻温度、终锻温度对锻造质量的影响。
6. 了解锻后热处理的目的及方法。
7. 了解锻件表面清理的目的及方法。
8. 掌握坯料的清理操作工艺及应用。
9. 了解锻件质量检验内容及规范。
10. 掌握锻件的主要缺陷及产生原因。
11. 了解锻工安全技术规范，掌握锻工安全操作规程。

模块一　图样识读

图样是现代工业生产中最基本的技术文件，为了便于生产和交流技术，使绘图和读图都有共同的准则，首先必须了解机械制图一般要求。

一、三视图的形成及投影规律

1. 三投影面体系的建立

三投影面由三个互相垂直的投影面所组成，分别称为正立投影面（V 面）、水平投影面（H 面）、侧立投影面（W 面），如图

1—1 所示。

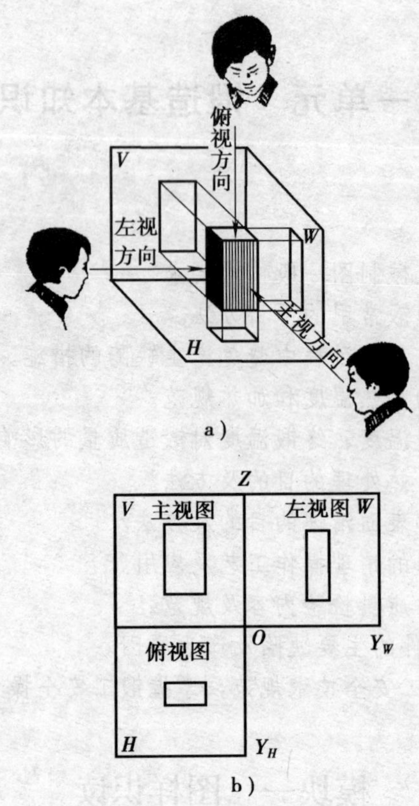

图 1—1　三视图的形成过程

a) 视图方向　b) 三视图

2. 物体在三投影面体系中投影

将物体放置在三投影面体系中，按正投影法向各投影面投射，即可分别获得物体的正面投影、水平面投影、侧立面投影，为了把三视图画在一张图上，将相互垂直的三个投影面摊平在同一个平面上，分别称为主视图、俯视图、左视图，如图 1—1 所示。三视图有以下投影规律：主视图与俯视图长对正；主视图与左视图高平齐；俯视图与左视图宽相等。

二、机件的表达方法

根据机件的结构特点，选用适当的表达方法，在完整、清晰地表达机件各部分形状的前提下，力求简便。

1. 剖视图

国家标准规定，绘图时可见轮廓线用粗实线表示，不可见轮廓线用细虚线表示，如图 1—2a 支架的主视图所示。当零件内部结构比较复杂时，在视图上就会有较多的虚线，有时甚至与外形轮廓线相互重叠，使图形很不清楚，不利于看图。为了解决这个问题，可假想用剖面将零件剖开，移去观察者和剖切面之间的部分，将余下部分向投影面投影，所得到的视图称为剖视图，如图 1—2 所示。

2. 断面图

假想用剖切面将机件的某处切断，仅画出剖切面与物体接触部分的图形，称为断面图。断面图仅需画出断面形状，如图 1—3 所示。

3. 局部放大图

当按一定比例画出机件的视图时，其上的细小结构常常会表达不清，且难以标注尺寸，此时可局部另行画出这些结构的放大图。如图 1—3 所示槽的结构如果需要可以放大画出。这种将机件的部分结构用大于原图形所采用的比例画出的图形称为局部放大图。局部放大图应尽量配置在被放大部位的附近。

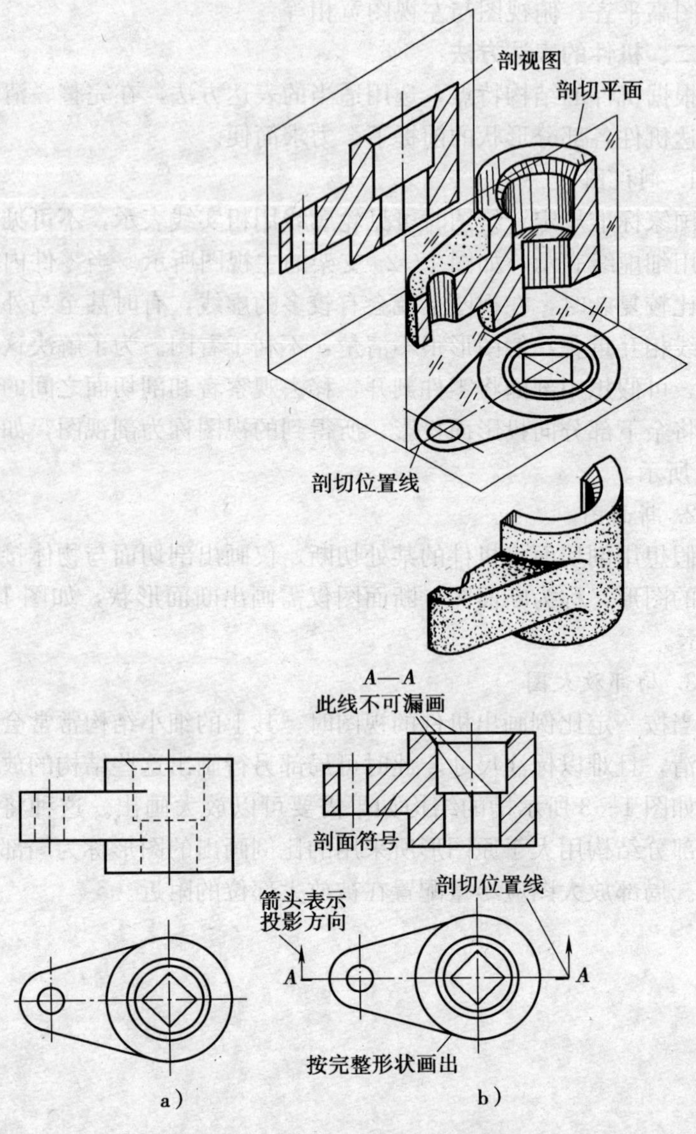

图 1—2　剖视图的形成及画法

a）支架的主、俯视图　b）支架的剖视图

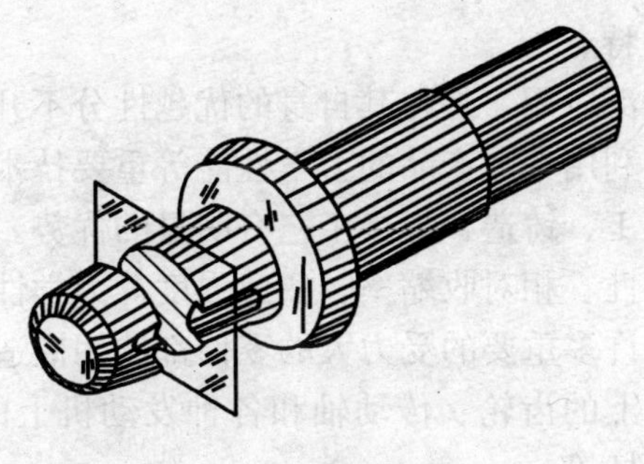

a）

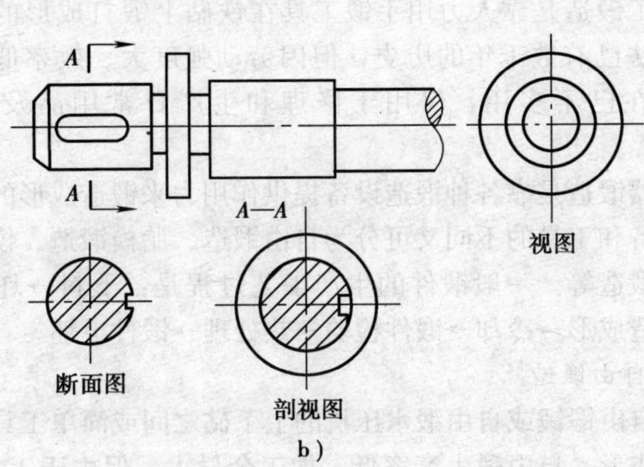

b）

图 1—3　断面图、剖视图、视图的区别

模块二　锻造基本知识

锻造是利用锻压机械对金属坯料施加压力，使其产生塑性变形以获得具有一定机械性能、一定形状和尺寸锻件的加工方法。

一、锻造生产的特点

锻造获得如此广泛应用，是与其自身的优越性分不开的，如在生产率、金属材料利用率、产品的力学性能等重要技术经济指标方面，均比切削加工、铸造、焊接工艺有明显的优势。经过热处理的锻件，冲击韧性、相对收缩率、疲劳强度等力学性能均有明显的优势。因此，许多重要的受力大的零件都选用锻造方法生产。例如，各种机器上的齿轮、传动轴和各种发动机上的曲轴、连杆、变速叉、操纵杆等。

二、锻造生产的分类

手工锻造是靠人力用手锻工具在铁砧上锻打成形的。这种生产方法已有数千年的历史，但因劳动强度大、效率低、质量差，现在已不多用，仅用于修理和生产日常用品及小农具等。

机器锻造是靠各种锻造设备提供作用力来锻造成形的。根据所用设备和工具的不同又可分为自由锻造、胎模锻造、模型锻造和特种锻造等。一般锻件的生产工艺过程是：下料→坯料→加热→锻造成形→冷却→锻件检验→热处理→锻件毛坯。

1. 自由锻造

在自由锻锤或自由锻水压机的上下砧之间或简单工具之间进行锻造成形。自由锻生产率低、加工余量大，但由于工具简单，通用性大，故被广泛用于锻造形状较简单的单件、小批量生产的锻件。自由锻造的基本工序有镦粗、拔长、冲孔、弯曲、扭转、错移和切断，其中前三种工序应用最多。

2. 胎模锻造

在自由锻造设备上用模具（胎具）生产锻件的一种锻造方法。它既具有自由锻造的某些特点，如设备和工具简单，工艺灵活多样，又具有模锻的某些特点，如金属在模膛内最终成形，可获得形状复杂、尺寸比较准确的锻件，生产效率较高。

3. 模型锻造

在固定于模锻设备上的模具内进行锻造成形。例如，锤上模锻是自由锻造基础上最早发展起来的一种模锻生产方法，即在模锻锤上的模锻。它是将上、下模块分别固紧在锤头与砧座上，将加热透的金属坯料放入下模型腔中，借助上模向下的冲击作用，迫使金属在锻模型槽中塑性流动和填充，从而获得与型腔形状一致的锻件。

锤上模型能完成镦粗、拔长、滚挤、弯曲、成形、预锻和终锻等多种变形工步操作。

4. 特种锻造

在专用锻造设备上或在特殊工具与模具内使金属坯料成形的一种特殊锻造。能满足各类锻件少切削、无切削、净成形等高品质的要求，使锻件外形尺寸更接近于零件尺寸，提高锻件表面质量、内在质量和精度，采用高效、专用的设备取代复杂、笨重的通用设备，从而提高劳动生产率，改善劳动条件。例如，精密锻造、液态锻造等。

三、锻造材料

1. 钢的分类

(1) 按化学成分分类

1) 碳素钢。碳素钢的成分中除铁外，还含有碳和一定数量的硅、锰、硫、磷等元素。碳素钢按其含碳量可分为低碳钢、中碳钢和高碳钢。

2) 合金钢。在碳素钢中加入一定数量的合金元素的钢称为合金钢。钢中加入的合金元素有铬（Cr）、镍（Ni）、硅（Si）等。按合金元素含量的多少，合金钢又分为低合金钢、中合金钢和高合金钢。

(2) 按品质分类

1) 普通钢。钢中含硫量不超过 0.050%，含磷量不超过 0.055%。

2）优质钢。钢中含硫量不超过 0.040%，含磷量不超过 0.040%，含铜量不超过 0.030%。

3）高级优质钢。钢中含硫量不超过 0.030%，含磷量不超过 0.035%，含铜量不超过 0.025%。

（3）按用途分类

1）结构钢。用于工程结构和制造机械零件。又可分为碳素结构钢、合金结构钢、滚珠轴承钢和弹簧钢。

2）工具钢。用于制造各种工具，包括碳素工具钢、合金工具钢和高速工具钢。

3）特殊用途钢。具有特殊物理性能、化学性能和作为特殊用途的钢。如不锈钢、耐热钢、磁性材料和电热合金等。

2. 钢的主要牌号及含义

（1）普通碳素结构钢的牌号有 Q195、Q235、Q275 等。“Q”表示屈服强度，数字 195、235、275 表示屈服强度数值。

（2）优质碳素结构钢的牌号有 05、10、30、45 等。数字表示平均含碳量是万分之几。

（3）碳素工具钢的牌号有 T7、T9、T12A 等。牌号中的数字表示含碳量是千分之几，牌号后加 A 者为高级优质碳素工具钢。

（4）合金结构钢有 40Cr、35CrMo 等。牌号中的前两位数字表示平均含碳量是万分之几。合金元素平均含量小于 1.5%时，只标出合金元素，其后面不标明含量；平均含量大于 1.5%、2.5%、3.5%等时，应该在该元素后面相应地标出 2、3、4 等。

（5）合金工具钢有 3Cr2W8V、8Cr3 等。牌号中第一位数字表示平均含碳量是千分之几，合金元素平均含量的表示方法同合金结构钢。

（6）高速工具钢有 W18Cr4V、W12Cr4V4Mo 等。高速工具钢平均含碳量小于 1%时，含碳量一般不予标出。

（7）不锈钢 1Cr13、1Cr18Ni9Ti 等，耐热钢 4Cr9Si2、1Cr18Si2

等，这几种钢的牌号表示方法与合金工具钢相同。

3. 锻造用钢

锻造所用钢料有钢锭和钢坯两种。锻造大、中型锻件一般多采用各种规格的钢锭，锻造小型锻件则使用各种规格的钢坯，钢坯是用钢锭锻造或轧制而成的。

(1) 钢锭是将冶炼好的钢液在一定的温度下注入钢锭模中冷却凝固而成的。分扁型、方型和多边形等多种。

(2) 锻造用的钢坯有锻坯和轧坯两种。把钢锭锻成坯料的过程叫开坯。

4. 锻造用有色金属

(1) 铜及铜合金。铜合金分为黄铜、白铜、青铜三种。黄铜是以锌作为主要合金元素的铜合金。白铜是含有镍（Ni)、钴(Co）的铜合金。青铜是铜与不同含量的锡（Sn)、铅（Pb)、铍(Be)、铝（Al)、硅（Si）等的合金。

(2) 铝及铝合金。铝合金即是在铝中加入铜（Cu)、镁(Mg)、锰（Mn)、硅（Si）等合金元素。铝合金根据其性能又分为防锈铝、硬铝、超硬铝和锻铝。

模块三　下料与加热

一、下料

除大、中型自由锻件采用钢锭为坯料外，一般锻件都采用各种金属棒料为坯料。棒料在锻造前一般要在专门的下料设备上按要求的尺寸切成段。当没有专门的下料设备时，就由锻工在自由锻造设备上进行剁料。自由锻常用的下料方法有：锯切下料、剪切下料、冷折下料、砂轮切割下料、火焰切割下料和阳极机械切割下料等。下料所使用的主要设备有：圆盘锯床、弓形锯床、剪切机、压力机、砂轮切割机、火焰割枪（割炬)、阳极切割锯等。

1. 锯切下料

(1) 圆盘锯床上下料。锯盘的最大直径可达 2 m，能够锯切的坯料尺寸（直径或边长）为 250 mm 以下。

(2) 弓形锯床上下料。G72 型弓锯床可以锯切的坯料尺寸（直径或边长）为 220 mm 以下。对于直径特别小的棒料，也可成捆地锯切。锯切下料的优点是切口断面平整，尺寸精确。缺点是生产效率较低。

2. 剪切下料

剪切下料一般是在剪切机上进行。它可以剪断直径为 200 mm 的钢坯。剪切下料的优点是生产效率高，由于无切屑损耗，提高了材料的利用率。剪切下料的缺点是剪切端面不平，略带歪斜，尤其在热态下剪切直径较大的钢坯料时更为严重。

3. 冷折下料

冷折下料一般在压力机上进行，压力通过冲头传到材料上，使坯料沿预先的切口折断，其工艺简单，生产效率高，几乎没有断口损耗，所用的设备也很简单。但下料长度尺寸精度较差。冷折下料尤其适用于硬度较高的碳钢和合金钢，但需预热到 300～400℃，如图 1—4 所示。

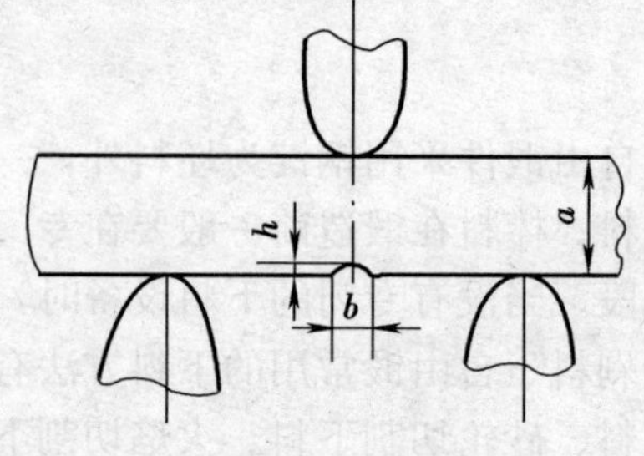

图 1—4　冷折下料示意图

其中：缺口尺寸 $b=3\sim8$ mm。

经验公式：

$$h=K\sqrt[3]{a}$$

式中 K——钢材塑性系数。较脆的钢 $K=1$，较软的钢 $1<K<2$；

a——坯料直径或边长，mm。

4. 砂轮切割下料

砂轮切割下料在砂轮切割机上进行。砂轮切割机可切割直径在 40 mm 以下的任何硬度的金属坯料。砂轮切割的生产效率高，而且切割端面平整。缺点是薄片砂轮的损耗较大，工人的劳动条件较差，需要有良好的通风设备。

5. 火焰切割下料

主要用于大型钢坯和锻件的大断面切割（切割断面的厚度可达 1 500 mm），也可用于较大的胎模锻件切割毛边。火焰切割的优点是灵活方便，适应性强，生产率较高，设备简单。缺点是切割面质量差，金属损耗大，尺寸精度低，劳动条件差。

6. 阳极机械切割下料

阳极机械切割下料又称阳极切割下料，是以被切割坯料作阳极，切割盘为阴极，与直流电源相连。切割时在切口处供以水玻璃（硅酸钠）电解液。高速旋转的切割工具切向工件。在直流电源的作用下，工件切口表面的金属因电解作用生成氧化膜，并被高速旋转的切割工具不断刮除，被电解液带走。切口表面的某些凸起点与工具之间还伴随着电弧放电，金属被高温熔化、汽化而蚀除，也随电解液带走，切割工具便逐渐切入工件内，直至切断。这种方法的切割面光洁，金属损耗少，生产率高，且不受金属品种限制，多用于切割高硬度、韧性大的材料。

除上述的切割方法之外，还有一些先进的切割坯料技术，如等离子切割法、电子束切割法、激光切割法等。

二、节约原材料的途径

在保证锻件质量的前提下，提高钢锭和坯料利用率，对节约锻造材料以降低成本是非常重要的。主要可以从以下几方面着手。

（1）锻造时采用先进可靠的工艺和正确的操作手段，保证锻件质量，减少废品损失，这是最根本的节约途径。

（2）提高锻造的操作水平，推广使用模锻、精密模锻等工艺，减少锻件的机械加工余量，降低材料消耗。

（3）正确计算锻件质量和选用坯料规格，避免浪费。

（4）采用多种零件集中综合下料，将大件料头用来锻造小锻件或改成小规格坯料备用。

（5）采用材料损耗小的下料方法，减少下料损失。

（6）采用特殊形式钢锭，提高钢锭利用率。

（7）按材料分类回收料头、飞边、冲孔连皮等。

三、钢的加热目的和方法

1. 加热目的

锻造前加热金属毛坯的目的是提高金属塑性、减小变形抗力，使之易于成形，获得良好的锻后组织和力学性能。

2. 加热方法

目前，锻造生产中，根据热源的不同，加热方法可分为燃料加热和电加热两大类。

（1）燃料（火焰）加热。燃料加热就是利用固体（煤、焦炭等）、液体（重油、柴油等）或气体（煤气、天然气等）燃料燃烧所产生的热能对毛坯进行加热。

（2）电加热。电加热是利用电能转换为热能对毛坯进行加热。经电加热的毛坯质量好，加热过程可通过控温装置达到准确有效的控制，便于实现机械化和自动化，加热工的劳动条件好。但电加热设备投资大，耗电量也较大。电加热主要用于加热要求较高的铝、镁、钛、铜等合金和一些高温合金。

四、钢的加热要求

1. 加热过程中应避免出现的缺陷

（1）氧化

1）氧化的形成。钢料加热到高温时，表层中的铁和炉内的氧化性气体（如 O_2、CO_2、H_2O 和 SO_2）发生化学反应，使钢料表层形成一层氧化皮，这种现象称为氧化。工艺上把它叫做火耗损失。氧化皮的形成，造成钢材的大量损失。

2）影响氧化的因素

①炉气成分的影响。炉气性质若为氧化性，则促使氧化并形成较厚的氧化皮，炉气性质若属中性或还原性，则生成的氧化皮很薄，甚至不产生氧化皮。

②加热温度的影响。通常当加热温度低于 600℃时，氧化的速度很慢，但当温度升至 900℃以上时，氧化的速度急剧增加。

③加热时间的影响。实验表明，氧化扩散量与加热时间成正比，钢的加热时间越长，它被氧化的程度就越严重，生成的氧化皮也就越厚。

④钢的化学成分的影响。当钢料中的含碳量大于 0.3％时，随着钢的含碳量的增加，形成的氧化皮将减少。

3）氧化皮的危害。造成钢料的烧损，影响锻件表面质量，降低模具使用寿命。

4）减少氧化的措施

①在确保加热质量的前提下，尽量采用快速加热方法以缩短加热时间。

②在不同的加热阶段，采用不同的炉内空气量（即采用不同的火焰）。

③在保证燃料完全燃烧的情况下，应尽量减少炉内过剩空气量。

④在操作上要做到炉温均匀，装炉锻件量不宜过多，应少装勤装，并尽量缩短保温时间。

⑤在对坯料进行均温时，应使炉内保持微正压，以防止冷空气被吸入，尤其在高温阶段。

⑥采用少氧化和无氧化加热，如敞焰少氧化加热、坯料在保护性气体或惰性气体中加热及坯料涂刷保护层加热等。

（2）脱碳

1）脱碳的形成。钢料加热到高温时，表层中的碳和炉内的氧化性气体（如 O_2、CO_2、H_2O）或某些还原性气体（如 H_2）发生化学反应，生成甲烷或一氧化碳，使表层含碳量减少，这种现象称为脱碳。

2）影响脱碳的因素。主要影响因素有炉气成分、加热温度、加热时间及钢的化学成分等。

3）脱碳的危害性。钢料脱碳后，在锻造过程中易出现龟裂，并且锻件脱碳后的表面硬度、强度和耐磨性均降低，同时零件的疲劳强度也降低。当脱碳层厚度大于机械加工余量时，将会影响锻件质量。

4）防止脱碳的措施。前述用来减少氧化的措施，同样可以用于防止脱碳。

（3）过热与过烧

1）过热。金属由于加热温度过高，加热时间过长，引起晶粒长大成粗晶的现象称为过热。钢的过热温度见表 1—1。不稳定过热采用一般热处理方法可以消除。稳定过热用一般热处理方法不易改善或消除。生产中为避免锻件产生稳定过热，在锻造工艺上应采取以下措施。

表 1—1　　钢的过热温度

钢种		过热温度/℃
纯铁		1 300
碳钢	（C<0.4%）	1 300
	（C>0.4%）	1 150
铬钢		1 050～1 100
铬镍钢		1 100～1 150

①严格控制加热温度和加热时间，尽可能缩短高温保温时间，加热时坯料放置位置应与加热炉烧嘴保持适当距离。

②锻造时要保证足够的变形量。

③控制过热后的冷却速度，注意避免采取中等冷却速度，是使过热后的钢料不产生稳定过热的重要措施。

2）过烧。金属及合金加热温度过高时，晶间低熔点物质会熔化，或由于氧化性气体渗入晶界而引起晶粒间物质氧化现象称为过烧，钢的过烧的加热温度见表 1—2。过烧是加热时无法挽救的缺陷。过烧的金属一经锻打便破碎成废料，碎块断面晶粒明显粗大，并呈浅灰色。

表 1—2　几种常用材料产生过烧的加热温度

钢号	过烧温度/℃	钢号	过烧温度/℃
20	＞1 350	12Cr2Ni4A	1 350
45	1 350	18Cr2Ni4WA	＞1 350
T8	1 250	1Cr13	1 350
T12	1 200	2Cr13	1 350
50CrV	1 350	1Cr18Ni9Ti	＞1 350
40CrNiMoA	1 350	4Cr14Ni4W2Mo	＞1 350
12CrNi3A	1 350	W18Cr4V	＞1 350
38CrMoAlA	1 350	34CrNi3MoA	＞1 350

3）防止过热或过烧的措施

①按照金属坯料的化学成分与尺寸制定正确合理的加热规范，并在操作中严格执行。

②使用的测温或控温的炉表应灵敏、精确、可靠，温度显示要准确无误。

③尽量减少炉内的过剩空气量，高温下应调节成弱氧化性炉气成分。

④在采用火焰加热炉加热时，坯料装炉应距烧嘴一定距离，坯料与火焰不允许直接接触，以防坯料局部过热或过烧。

（4）内部裂纹。钢锭和钢材加热时，钢锭（或钢材）表面和中心之间存在温度差，由于表面的热膨胀大于中心的膨胀，中心部分形成三向拉应力，这种由于温度不均而产生的应力叫做温度应力。加热速度过快时温度应力很大，在温度应力和坯料中原有的残余应力共同作用下，就有可能产生内裂，为了防止内部裂纹，应制定和遵守正确的加热规范。

2. 金属毛坯的加热要求

（1）加热毛坯应在材料所允许导温性和内应力的条件下，以最快的速度加热到给定的温度，以提高效率、节约能源。

（2）应使加热金属吸收氧、氮、氢等气体最少，减少氧化、脱碳，提高加热质量。

（3）在低温加热阶段，不应因加热不当而使金属截面的外层与心部产生过大的温差，以致造成热应力和组织应力的叠加，引起材料破裂。

（4）准确实施给定的加热温度、速度和保温时间等加热条件，以防产生过热、过烧现象。

五、钢的加热温度和加热规范

1. 加热温度的确定

金属开始锻打的温度，称为始锻温度。为避免产生过热和过烧，始锻温度一般应低于熔点 100～200℃。金属锻打终止时的温度，称为终锻温度。终锻温度主要是保证金属在结束锻造之前具有足够的塑性。但过高的终锻温度也会使锻件在冷却过程中晶粒继续长大。碳素钢、合金钢的锻造温度范围见表1—3。

表 1—3　　　　碳素钢、合金钢的锻造温度范围

<table>
<tr><th rowspan="2">钢种类别</th><th rowspan="2">钢号举例</th><th colspan="2">锻造温度范围/℃</th></tr>
<tr><th>始锻温度</th><th>终锻温度</th></tr>
<tr><td>普通碳素结构钢</td><td>Q235、Q275</td><td>1 280</td><td>700</td></tr>
<tr><td rowspan="2">优质碳素结构钢</td><td>10、30、15Mn</td><td>1 250</td><td rowspan="5">800</td></tr>
<tr><td>40、60、45Mn、50Mn</td><td>1 220</td></tr>
<tr><td rowspan="2">碳素工具钢</td><td>T7A、T8、T8A</td><td>1 150</td></tr>
<tr><td>T10、T12</td><td>1 100</td></tr>
<tr><td rowspan="2">合金结构钢</td><td>40CrV、30CrMo、40Cr、20CrMoTi、40Mn2、25CrMnSi、37SiMn2MoV</td><td>1 200</td></tr>
<tr><td>38CrMoAl、18Cr2Ni4W、37CrNi3、42CrMnMo</td><td>1 180</td><td>850</td></tr>
<tr><td rowspan="3">合金工具钢</td><td>4Cr5W2VSi</td><td>1 150</td><td>950</td></tr>
<tr><td>5CrNiMo、5CrMnMo、3Cr2W8V</td><td>1 120</td><td>850</td></tr>
<tr><td>Cr12</td><td>1 080</td><td>840</td></tr>
<tr><td rowspan="3">高速工具钢</td><td>W18Cr4V</td><td>1 150</td><td rowspan="3">900</td></tr>
<tr><td>W6Mo5Cr4V2</td><td>1 130</td></tr>
<tr><td>W6Mo5Cr4V3</td><td>1 100</td></tr>
<tr><td rowspan="2">不锈耐酸钢</td><td>1Cr13、2Cr13、3Cr13、4Cr13、1Cr17</td><td>1 150</td><td>880</td></tr>
<tr><td>1Cr18Ni9Ti</td><td>1 180</td><td>850</td></tr>
</table>

（1）目测法。目测钢的加热温度，是锻造车间常用的一种简便方法。在目测钢的加热温度时，要注意白天和黑夜、晴天与阴天以及现场光线强弱等的不同情况。在阴暗的情况下，观察到的火色相对要亮些；在光线强烈的情况下，观察到的火色相对要暗些。因此，目测温度是比较近似的，而一般有经验的锻工，其目测误差可准确到±（20～50)℃的范围。钢加热后的火色与温度对照见表 1—4。

表 1—4　　　　钢加热后的火色与温度对照

钢温/℃	颜色	钢温/℃	颜色
530～580	暗褐色	830～900	淡红色
580～650	赤褐色	900～1 050	橘黄色
650～730	暗红色	1 050～1 150	淡黄色
730～770	暗樱红色	1 150～1 250	黄白色
770～800	樱红色	1 250～1 300	白色
800～830	亮樱红色		

（2）仪表测温法

1）热电偶高温计。热电偶高温计是一种接触式的测温仪表，可以测量各种加热炉的炉温。使用时，热电偶测温部分直接与被测物体接触，进行测温。热电偶高温计包括热电偶、显示仪表与补偿导线等，如图 1—5 所示，通过显示仪表（如毫伏计、电位差计等）把温度显示出来。

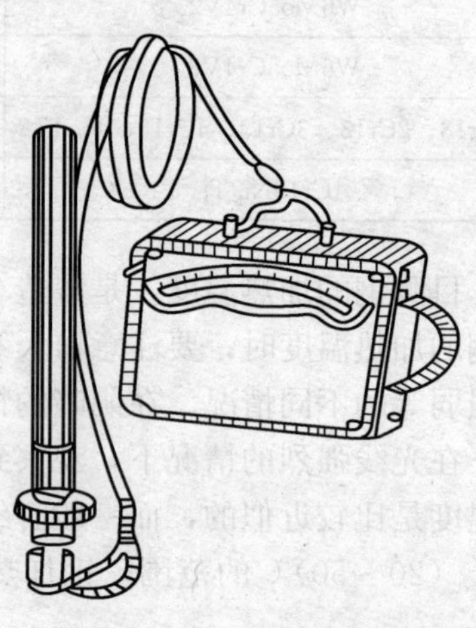

图 1—5　热电偶高温计外形图

2）光学高温计。光学高温计是一种非接触式的测温仪表。它是采用亮度比较法进行测温，即把被加热金属的亮度与标准辐射源（灯泡）的亮度相比较，从而测出金属的温度，因而测温时无须使测温元件直接与被测热坯料接触。其结构如图 1—6 所示。

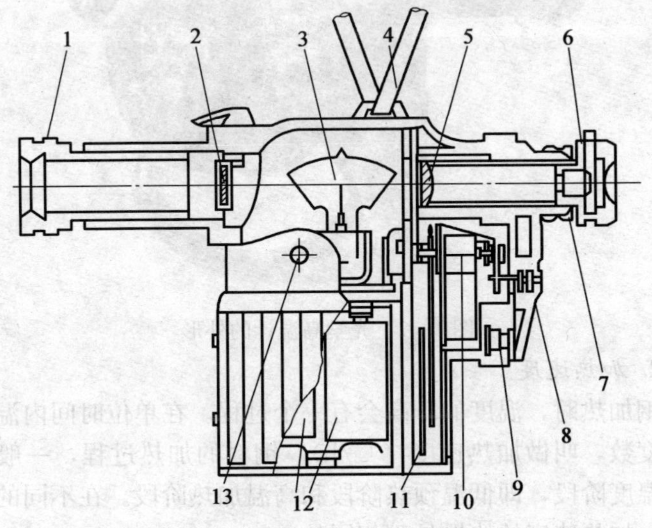

图 1—6　光学高温计结构

1—物镜　2—吸收玻璃（滤光片）　3—灯泡　4—背带　5—目镜
6—红色滤光片　7—目镜定位螺母　8—零位调节器　9—滑线电阻
10—测量电表　11—刻度盘　12—干电池　13—按钮开关

使用光学高温计时，首先调整零位调节器 8，使指针指在零处，然后拨动目镜头部的转动片，将红色滤光片 6 引入现场，按下按钮开关 13 转动滑线电阻 9，使灯丝发红，并前后调节目镜 5 至灯丝清楚时为止，再旋紧目镜定位螺母 7，接着将高温计瞄准被测金属，前后调节物镜内筒，使被测金属清晰可见。调节滑线电阻 9，使流经灯丝的电流均匀增大，灯丝的亮度也随着增大，直至灯丝与被测金属的亮度相同为止。这时从测量电表 10 的刻度盘 11 上读得的数值便是被测金属的温度，误差为±20℃。光学高温计的外形如图 1—7 所示。

图 1—7　光学高温计的外形

2. 加热速度

钢加热时，温度的升高会有一个过程。在单位时间内温度上升的度数，叫做加热速度（℃/h）。钢料的加热过程，一般分为两个温度阶段，即低温预热阶段和高温加热阶段。在不同的温度阶段，加热速度的快慢是不相同的。

（1）低温预热阶段缓慢加热。在 800℃以下的低温阶段，由于钢料装炉后其表面与炉温之间的温差较大，如果采用过快的速度进行加热，就会产生较大的温度应力，而钢在低温下塑性较低，又存在着“蓝脆”区域，或许坯料内还有残余应力，在温度应力和残余应力的作用下，坯料内部就会形成裂纹。因此，对于导热性很差或截面尺寸较大的坯料，加热时都需要经过低温预热阶段，并采用较缓慢的加热速度。

（2）高温加热阶段快速加热。在高温阶段，由于钢的塑性迅速增加，温度应力和残余应力逐渐消除，产生裂纹的危险性也就大为减少。因此，可以按加热炉所能达到的最快加热温度进行加热。实践证明，对于导热性较好的低碳钢、低合金钢或截面尺寸较小的钢锭，由于加热时不会产生显著的温度应力，可以不经预热阶段而直接装入炉温等于或略高于始锻温度的炉内，以最快的加热速度进行加热；对于导热性较差的高碳钢．高合金钢和截面尺寸较大的钢锭，由于产生裂纹的可能性较大，需要经过低温预热，待塑性提高，产生裂纹的危险性消除之后，才能以最快的加热速度进行加热。

3. 加热时间

坯料从开始加热至达到始锻温度时所需的时间（不包括保温时间），叫做加热时间。加热时间的长短，对钢的塑性和锻件的质量有很大的影响，同时也对加热炉的生产效率的高低有影响。因此，正确地定出加热时间是制定加热规范的重要工作。

影响加热时间的因素是多方面的，除上述影响加热速度的诸因素影响加热时间外，加热炉的结构形式、坯料在炉内的排列方法以及装料数量等均对加热时间有影响。

4. 钢锭的加热规范

钢锭加热一般采取如图 1—8 所示的三个阶段来进行。

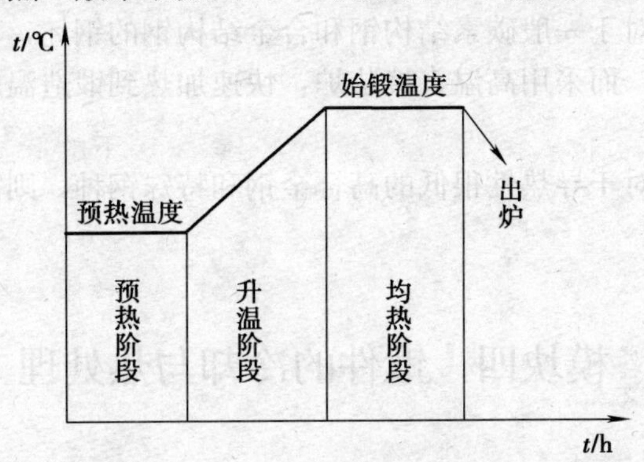

图 1—8　三段加热规范示意图

（1）预热阶段。钢锭在规定的最高装炉温度下，装炉后要在此装炉温度下均温一定时间使其内外温度均匀，以减小断面温差和温度应力。

（2）升温阶段。钢锭从预热温度加热到始锻温度，称升温阶段。由于温度高，塑性增加，应尽量提高加热速度。

（3）均热（保温）阶段。钢锭在始锻温度下保持一段时间，称均热阶段。这样可以使钢锭的表面和内部温度均匀一致，并利用扩散作用，使钢锭的化学成分及组织均匀化。但均热的时间不能过长，否则会发生过热。

5. 钢锭加热注意事项

（1）严禁冷、热钢锭同炉混装加热。

（2）冬天加热冷钢锭时，应先在车间内或炉门前放置一段时间后，再装炉加热。

（3）装炉前应对钢锭进行一次表面质量检查，如发现有裂纹等严重缺陷时不应装炉加热。

（4）钢锭的装炉位置应保证受热均匀：底部垫高不低于200 mm；与炉壁相距不小于200 mm；不要离喷火口太近，与烧嘴相距不小于500 mm。

（5）对于一般碳素结构钢和合金结构钢的钢坯，都可不经预热和保温，而采用高温直接装炉，快速加热到锻造温度后即可出炉锻造。

（6）对于导热性很低的高合金钢和特殊钢种，则需采用分段加热规范。

模块四　锻件的冷却与热处理

锻件的冷却与热处理是自由锻造工艺过程中关系到锻件质量优劣的最后关键工序。不恰当的锻造后冷却，能使经过加热、锻造而获得的锻件产生冷却缺陷，甚至严重裂纹而成为废品。锻造后需要进行热处理的锻件，若不进行恰如其分的热处理，就达不到所要求的性能而成为不合格品。因此，必须认真对待锻件的锻造后冷却和热处理。

一、锻件的冷却方法

常用的锻件冷却方法按其冷却速度由快到慢的顺序分，有空冷、堆冷、坑（箱）冷、灰冷或砂冷、炉冷五种。

1. 空冷

锻件锻后放在车间的地面上冷却，但注意不要放在湿地或金属板上，还要防止过堂风，避免锻件局部过冷产生裂纹、弯曲、变形等缺陷。

2. 堆冷

锻件锻后成堆放在静止空气中冷却。

3. 坑（箱）冷

锻件锻后放在地坑或保温箱中冷却。

4. 灰冷或砂冷

锻件锻后放在炉渣、石灰或砂中冷却。所用的灰、砂、炉渣必须干燥。一般锻件放入灰、砂、炉渣的温度不得低于 500℃，锻件周围的灰、砂、炉渣的厚度不得小于 80 mm。

5. 炉冷

锻件锻后放入炉中缓慢冷却。锻件入炉温度一般在 600～650℃，最低不应低于 350℃，炉子应事先升到 650℃，保温待料，因为此温度对扩氢比较有利。待锻件全部入炉后，再按冷却规范进行炉冷。一般出炉温度不应高于 100～150℃，要避免冷空气进入炉内。

锻件冷却方法的选择取决于锻件材料、尺寸、生产量和车间的具体条件。不同锻件的冷却方法，应根据钢材的化学成分、锻件的最大尺寸和锻造前原料状态（钢锭或轧材）等因素来选定。

二、锻件的热处理

1. 锻后热处理的目的

锻件在机械加工前和加工后一般要经过热处理。机械加工前的热处理称为锻件热处理（也称为毛坯热处理或预先热处理）；

机械加工后的热处理称为零件热处理（也叫最终热处理）。通过锻后热处理可以均匀组织、细化晶粒、消除残余应力，从而改善金属组织和力学性能，降低硬度，以利于切削加工，并为最终热处理做好组织准备。加热温度如图 1—9 所示。

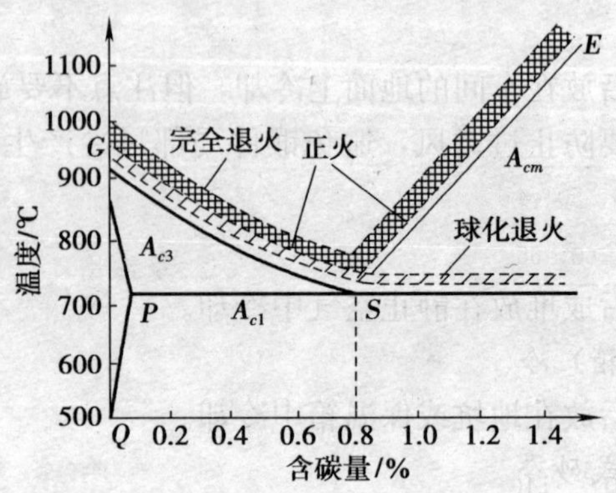

图 1—9 退火和正火的加热温度

2. 锻后热处理的方法和适用范围

(1) 完全退火。将钢加热到相变临界温度 A_{c3} 以上 20～50℃，在此温度下保温一定时间后，随炉缓慢冷却，以获得较稳定的平衡组织。一般用于亚共析钢，如 45 钢、5CrMnMo、模具钢等。

(2) 球化退火。将钢加热到相变下临界温度 A_{c1} 以上 10～20℃，保温较长时间，而后随炉缓慢冷却至室温，或者在略低于 A_{r1} 的温度下保温之后再出炉空冷，使钢中渗碳体凝聚成球状，从而获得球状珠光体组织。一般用于共析钢及过共析钢，如 T8、T12、GCr15 等。

(3) 扩氢等温退火。消除残余应力及除去氢气，防止产生白点。

(4) 正火。将钢加热到相变上临界温度 A_{c3} 或 A_{cm} 以上 30～50℃（有些高合金钢为 100～150℃），保温一定时间，然后在空气中冷却。适用于亚共析钢、共析钢与过共析钢，如 20Cr、2Ni4A、T8、T12、GCr15 等。常用锻件热处理工艺见表 1—5。

表 1—5　　　　　常用锻件热处理工艺

热处理	钢号举例	加热温度/℃	冷却方法	硬度/HB
正火	10、20、30、Q235	880～920	静止空气中冷却	≤156
	35、40、Q275	850～870		≤207
	45、50、40Cr	820～860		≤207
	55、60、65、70	800～820		≤229
	40CrNi、50Cr、50CrNi	820～840		≤241
	T7、T8、T10、T12	790～820		≤269
退火	T7、T8、T10、T12	750～780	炉冷到 600～650℃，保温 1～2 h，再炉冷到 600℃，出炉空冷	170～207
	9CrSi、CrWMn、CrMn、9CrWMn、CrW5、GCr9、GCr15	770～780	炉冷到 650～680℃，保温 3～5 h，再炉冷到 600℃，出炉空冷	207～255
	5CrMnMo、5CrWMn、5CrNiMo	760～790	炉冷到 600℃以下空冷	197～241
	W9Cr4V2、W18Cr4V、W6Mo5Cr4V2	820～850	炉冷到 720～750℃，保温 4～6 h，再炉冷到 600℃，出炉空冷	217～255
	Cr12、Cr12Mo	850～870		207～269
	2Cr13、3Cr13、4Cr13	860～900	保温 3～4 h 后，炉冷到 600℃，出炉空冷	207～255
固溶处理	0Cr18Ni9、1Cr18Ni9Ti、2Cr18Ni9	1 050～1 100	保温后在水中快速冷却	140～200

模块五 锻件表面清理

锻造生产过程中，为控制锻件质量，防止表面缺陷扩大到内层，同时也便于检查、发现缺陷和改善锻件的切削加工性能，需要对坯料、半成品和锻件进行清理，以去除氧化皮和表面缺陷（如裂纹、折叠等）。

一、清理的目的

1. 提高锻件表面质量，保证后续工序的顺利进行。对于需要冷校正或精压的锻件，为了避免氧化皮压入锻件，影响锻件的精度和表面粗糙度，必须进行表面清理。

2. 改善锻件的切削加工条件，减少切削加工刀具的磨损，有利于切削加工。

3. 显露锻件表面的缺陷（如裂纹、折叠、凹坑等），以便清除这些缺陷。

二、坯料的清理方法

1. 刮刷清理

(1) 操作工艺。借助于刮板（轮）或钢丝刷（轮）等工具用手工或机械的方法清除氧化铁皮。

(2) 应用与特点。这种方法只用于质量小于 15 kg 的坯料，而且劳动强度大，效率低，清理效果也较差。刮刷清理前，如将热坯料先在冷水中浸泡 2～3 s，则更易清除氧化铁皮。

2. 高压水清理

(1) 操作工艺。加热好的坯料，以 0.2～0.5 m/s 的速度迅速通过高压水喷射装置，让 150～200 个大气压的高压水从四周向坯料喷射，坯料表层的氧化皮遇冷急剧收缩而裂开，并很快被高压水冲走。

(2) 应用与特点。用于清理横截面尺寸为 50～150 mm 的热毛坯，效率高、效果好，但需设置高压水泵站，费用大。

3. 水中放电清理

（1）操作工艺。将热毛坯放入水箱中高压直流电极间的放电区，经过 1～2 s 的放电清理，靠水中高压电产生的冲击波清除氧化皮。

（2）应用与特点。水中放电清理速度快，而且可以清除任意断面形状和有孔的热坯料，结构钢热坯料的氧化皮可以完全清除，对于高铬合金钢清理效果稍差。目前在生产中主要用于清理断面尺寸小于 50 mm 的坯料。

三、局部表面缺陷的清理

原毛坯、中间坯料和锻件上的局部表面缺陷（如裂纹、折纹和残余毛刺等），应及时发现和清除，以避免这些缺陷在继续加工过程中扩大和造成无法挽救的废品。为了避免已清理过的部位在继续加工时产生折纹和裂纹等缺陷，清理后工件表面的凹槽应是圆滑的，如图 1—10 所示。

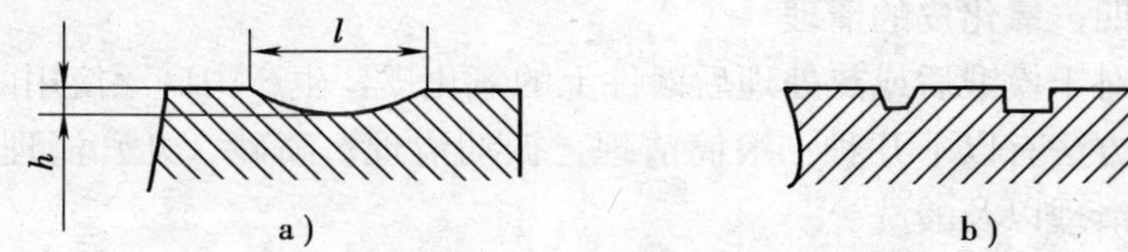

图 1—10　清理后工件表面的凹槽

a) 合格　b) 不合格

1. 风铲清理

（1）操作工艺。风铲清理手工操作的劳动强度大，生产率低，每次铲削深度为 2～2.5 mm。

（2）应用与特点。主要用于结构钢的大型锻件和坯料，清理深度较大的裂纹、折纹和尺寸较大的毛刺。

2. 火焰切割清理

（1）操作工艺。使用气割枪做工具，用氧—乙炔焰将钢表面层加热到 900～1 100℃，然后打开气割枪的切割氧气，使钢燃烧，同时靠高压氧气流将熔渣吹掉并加热锻件的相邻表面层，周而复始使切割清理连续进行。含碳量高于 0.5%的碳钢和含碳量高于 0.3%的合金钢锻件，切割清理前预热到 200～400℃。

（2）应用与特点。用于碳素钢和低合金钢的钢锭、大型钢坯及大锻件。在小批量生产中，也可用于大型模锻件的切边，还可用于大型锻件和钢坯的大断面切割。

3. 砂轮打磨清理

（1）操作工艺。用砂轮机清理表面缺陷和毛刺，清理后工件表面的凹坑应圆滑，凹坑的宽高比应大于 5。有色合金材质较软，可用风动或电动的小铣刀或砂轮打磨。

（2）应用与特点。适用于各种材料和类型的锻件或毛坯，尤其适用于表面缺陷深度较浅和面积较大的高合金钢和有色合金锻件以及清理要求较高的中、小型模锻件。清理质量较好，表面粗糙度 Ra 可达 3.2 μm。

四、氧化皮的清理

对于模锻后或热处理后锻件上的氧化皮，生产中广泛使用的清理方法有以下几种：滚筒清理、振动清理、喷砂（丸）清理、抛丸清理以及酸洗。

1. 滚筒清理

（1）操作工艺。将锻件装在旋转的滚筒（其内可装入混合一定比例的磨料和填加剂）中，靠相互撞击和研磨，清理锻件表面的氧化皮及毛刺。

（2）应用与特点。这种清理方法设备简单，使用方便，但噪声大，适用于能承受一定撞击而不易变形的中小型锻件。

2. 振动清理

（1）操作工艺。将锻件混合一定配比的磨料和填加剂，放置在振动光饰机的容器中，靠容器的振动，使锻件与磨料相互研磨，把锻件表面氧化皮和毛刺边磨掉。

（2）应用与特点。适用于精锻件和 6 kg 以下的模锻件，还常用于要求进一步清除氧化皮及需要进行光饰的锻件，振动光饰清理后锻件的表面粗糙度 Ra 可达 1.6～3.2 μm。

3. 喷砂（丸）清理

（1）操作工艺。以压缩空气为动力，将一定粒度的砂或铁（钢）丸通过喷枪形成高速砂流喷射到锻件上，以去除锻件表面上的氧化皮、锈蚀和污垢。

（2）应用与特点。适用于任何形状和大小的锻件，喷砂清理灰尘大，生产率低，费用高，多用于有特殊技术要求和特殊材料（如不锈钢、铁合金）的锻件，喷丸清理较干净，但生产效率也低，往往由高生产率的抛丸清理代替。

4. 抛丸清理

（1）操作工艺。将锻件置于密闭的抛丸机内，利用抛丸机高速旋转的叶轮所产生的离心力，把一定粒度的钢丸（或铁丸）以 60 m/s 的速度抛掷到锻件表面，通过机械碰撞去除氧化皮。

（2）应用与特点。主要用于钢锻件，但对叶片等易变形的锻件不宜采用，生产效率高，耗能低，清理质量也较好，表面粗糙度值较低，与喷丸清理一样也有表面强化作用。

5. 酸洗

（1）操作工艺。钢锻件使用的酸洗溶液通常是硫酸和盐酸，使氧化皮从基体金属表层剥落。由于酸洗后废溶液的排放会污染环境，受到环保部门严格限制，故在清理锻件表面时，一般尽量不要采用酸洗。

（2）应用与特点。可以将锻件难清理部位（如深孔、凹槽）的氧化铁皮清除干净，而且清理后的锻件局部表面缺陷（如发裂、折纹等）显露清晰，便于检验。因此，酸洗广泛用于结构形状复杂、易变形和重要的锻件。

模块六　锻件质量检验

为了保证锻件质量，提高产品的使用性能和使用寿命，除了在生产过程中要随时检查锻件质量外，锻件入库前还必须经过专职人员进行质量检查。

锻件检验的内容包括：锻件几何形状与尺寸、表面质量、内部质量、力学性能和化学成分等几个方面，而每一方面又包含了若干内容。有的将锻件分为 3 个等级，有的分为 4 个或 5 个等级，见表 1—6。对于有特殊要求的锻件，须按专门技术条件规定进行检验。

表 1—6　　各类锻件的检验项目和数量

<table>
<tr><th rowspan="2">锻件类别</th><th rowspan="2">热处理</th><th colspan="3">必检项目</th><th colspan="4">选检项目</th></tr>
<tr><th>几何尺寸</th><th>表面质量</th><th>硬度</th><th>力学性能</th><th>低倍组织</th><th>断口</th><th>无损检测</th></tr>
<tr><td rowspan="2">Ⅰ</td><td>预备</td><td rowspan="2">抽检或100%</td><td rowspan="2">100%或抽检</td><td>每热处理炉次抽检10%，但不少于3件</td><td>—</td><td>—</td><td>每组批抽检1件</td><td>—</td></tr>
<tr><td>最终</td><td>100%或抽检</td><td>试样100%或抽检</td><td>每组批抽检1件</td><td>试样100%或抽检</td><td>100%</td></tr>
<tr><td rowspan="2">Ⅱ</td><td>预备</td><td rowspan="2">抽检或100%</td><td rowspan="2">100%或抽检</td><td>每热处理炉次抽检10%，但不少于3件</td><td>—</td><td>—</td><td>按需要每组批抽检1件</td><td>—</td></tr>
<tr><td>最终</td><td>100%或抽检</td><td>每组批抽检1件或用试样检验</td><td>每组批抽检1件</td><td>按需要每组批抽检1件</td><td>100%</td></tr>
</table>

续表

<table>
<tr><td rowspan="2">锻件类别</td><td rowspan="2">热处理</td><td colspan="3">必检项目</td><td colspan="4">选检项目</td></tr>
<tr><td>几何尺寸</td><td>表面质量</td><td>硬度</td><td>力学性能</td><td>低倍组织</td><td>断口</td><td>无损检测</td></tr>
<tr><td rowspan="2">Ⅲ</td><td>预备</td><td rowspan="2">抽检或100%</td><td rowspan="2">100%或抽检</td><td>每热处理炉次抽检3%~10%，但不少于3件</td><td>—</td><td>—</td><td>—</td><td>—</td></tr>
<tr><td>最终</td><td>调质件100%或抽检，其他热处理件抽检</td><td>—</td><td>—</td><td>—</td><td>—</td></tr>
<tr><td>Ⅳ</td><td>最终</td><td>抽检</td><td>抽检</td><td>抽检或不检查</td><td></td><td></td><td></td><td></td></tr>
</table>

一、量具和仪表

1. 常用量具

(1) 锻件检查常用量具

1) 钢直尺。常用钢直尺有 150 mm、300 mm、500 mm 和 1 000 mm 等规格。

2) 木尺。常用木尺为折叠式，其规格一般为 1 000 mm。

3) 钢卷尺。常用钢卷尺有 1 m、2 m 等规格。

4) 游标卡尺。游标卡尺属于较精密的锻件量具，它只用于冷状态下锻件的测量。使用时，旋松固定游标用的紧固螺钉即可测量。下量爪用来测量工件的外径和长度，上量爪用来测量孔径和槽宽，深度尺用来测量工件的深度和台阶的长度，如图 1—11 所示。常用规格有 150 mm、200 mm、250 mm、300 mm 等。

①分度原理。游标卡尺精度一般有 0.02 mm 和 0.05 mm 两种，其中 0.02 mm 的比较常用。

以 0.02 mm 为例说明游标卡尺的分度原理。游标卡尺尺身

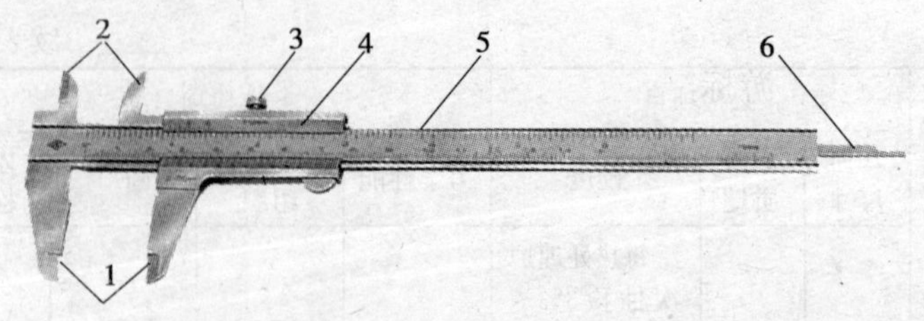

图 1—11 游标卡尺

1—下量爪 2—上量爪 3—紧固螺钉 4—游标 5—尺身 6—深度尺

刻线间距为 1 mm，当两测量爪合并时，游标上第 50 格刚好与尺身上 49 mm 对正，尺身与游标每格之差为 1－49/50＝0.02 mm，此差值即为游标卡尺的测量精度。

②读数方法。

第一步，读整数，在尺身上读出位于游标零线左边最接近的整数值。

第二步，读小数，看游标上哪条刻线与主尺刻线对齐，按每格 0.02 mm，读出小数值。

第三步，求和，将以上整数和小数相加，即为被测尺寸。

［例］如图 1—12 所示为精度为 0.02 mm 的游标卡尺。

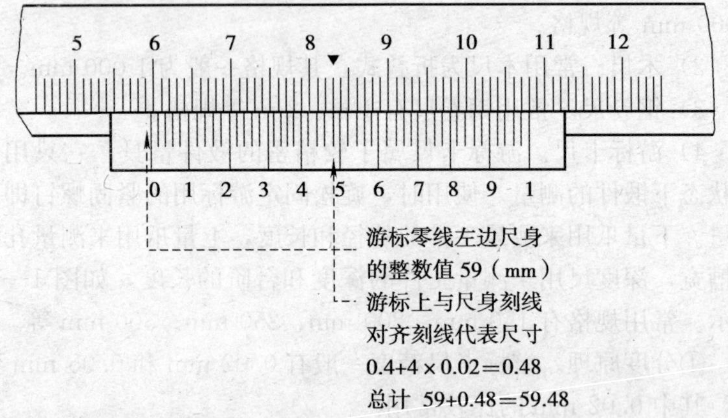

图 1—12 读数方法

第一步，游标零线在 59 mm 后面，即整数为 59 mm；

第二步，游标刻线上 4 后面第 4 条刻线与主尺刻线对齐，即小数为 0.48 mm；

第三步，求和，59＋0.48＝59.48 mm 即为测量结果。

5）卡钳。锻造用卡钳有内卡钳（见图 1—13a）、外卡钳（见图 1—13b）和双卡钳（见图 1—13c）。双卡钳可同时测量两个尺寸，使用简便。卡钳是一种间接量具，用于测量尺寸时必须先在工件上度量后，再在带读数的量尺上进行比较，读出卡钳在刻度尺寸上的读数。这种方法测量时，可产生较大误差，故工作中主要用于要求不高的零件尺寸的测量和检验。

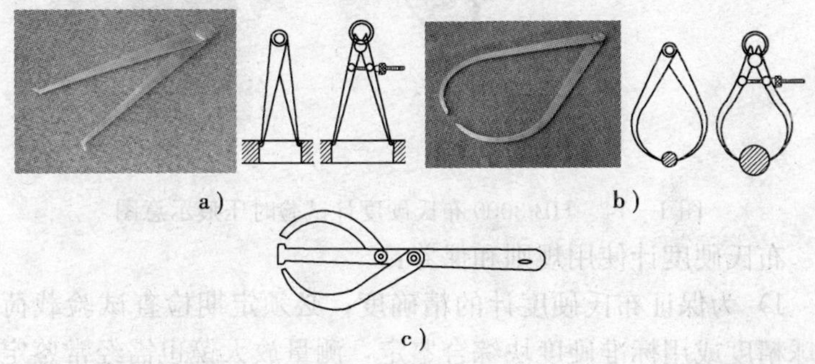

图 1—13　卡钳

a）内卡钳　b）外卡钳　c）双卡钳

（2）常用量具使用规则和保养

1）热锻件应用卡钳来测量，使用时间要短促，不使其温度过高，测量时不能用力过大，推力过猛，以保证测量准确。

2）不能用游标卡尺测量热锻件和粗糙毛坯。使用后应放入盒内。

3）钢卷尺、木尺不能用于测量热锻件。

2. 硬度和硬度计

（1）布氏硬度。布氏硬度的试验原理是使用一定直径的球体（钢球或硬质合金球），以规定的试验力压入试样表面，经规定保持时间后卸除试验力，然后用测量表面压痕直径的方法来计算硬度。其硬度值称为布氏硬度值，以 HB 表示。使用 HB-3000 布氏硬度计试验时压痕示意如图 1—14 所示。

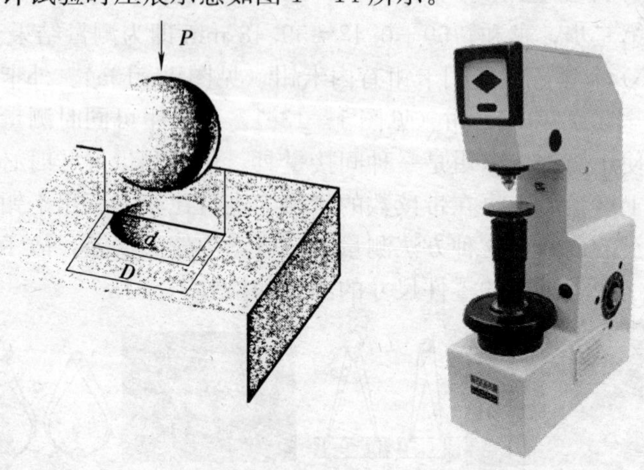

图 1—14　HB-3000 布氏硬度计试验时压痕示意图

布氏硬度计使用规则和保养：

1）为保证布氏硬度计的精确度，必须定期检查试验载荷和钢球精度或用标准硬度块综合鉴定，测量放大镜也需经常鉴定。

2）在测量高硬度工件时，可采用高硬度合金钢球，钢球一旦变形，便不能继续使用。

3）测量时，压痕中心距试样边缘的距离不应小于压痕直径的 2.5 倍，相邻两压痕中心距不应小于压痕直径的 4 倍，对硬度很低的材料试验时，距离还应加大。

4）被测量表面要尽可能光洁平整。

（2）洛氏硬度。洛氏硬度试验原理是使用金刚石圆锥体或淬火钢球压头，压入金属表面后，经规定保持时间后卸除主试验力，以测量的压痕深度来计算硬度。其硬度值称为洛氏硬度值，以 HRC 表示。用金刚石压头进行洛氏硬度试验如图 1—15 所示。

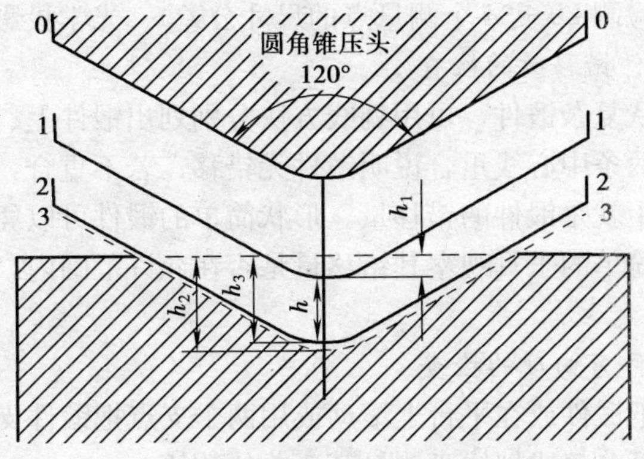

图 1—15　洛氏硬度试验的示意图

洛氏硬度计使用规则和保养：

1）试验面和支撑面必须平整洁净，不得带有油脂、氧化皮、裂纹、凹坑、显著的加工痕迹及其他污物。

2）试样表面应避免热软化或冷作硬化。

3）试样应稳定地安置在载样台上，试样在试验中不能有滑动。

4）保证所加作用力与试件的试验面垂直。

二、锻件几何形状与尺寸的检验

测量锻件几何形状与尺寸的工具主要有钢直尺、卡钳、游标卡尺、游标深度尺、角尺等，对形状特殊或较复杂的锻件可用样板或专用仪器来检测。

1. 一般锻件的检查

（1）锻件长、宽、高尺寸和直径的检查主要用卡钳、游标卡尺。

（2）锻件内孔的检查，无斜度用游标卡尺、卡钳，有斜度用塞规。

2. 锻件特殊面的检查

如叶片型面尺寸可用型面样板、电感量仪（电感量仪一次可以准确地检测 20～34 个测量点的尺寸公差)、光学投影仪检查。

3. 锻件错移量的检查

对形状复杂锻件，可用划线方法分别划出锻件上、下模的中心线。若两条中心线重合说明锻件无错移；若不重合，两中心线错开的间距就是锻件的错移量。形状简单的锻件可以凭经验用眼或借助于简单的工具观察其错移量是否在允许范围内，也可用样板检查。

4. 锻件弯曲度的检查

通常把锻件放在平台上滚动或用两个支点把锻件支起而旋转锻件，用百分表或划线盘测量其弯曲的数值。

5. 锻件翘曲度的检查

检查锻件两平面是否在同一平面上或保持平行，通常将锻件放在平台上，用手按住锻件某部分，当锻件另一平面部分与平台平面产生间隙时用塞尺测量因翘曲所引起的间隙大小，或用百分表放在锻件上检查翘曲的摆动量。

三、锻件表面质量的检验

锻件表面上的裂纹、折叠、压伤等缺陷，通常可用目视法直接发现，当裂纹很细或隐蔽在表皮下时，则须通过磁粉探伤、荧光探伤、着色渗透探伤等才能发现。

1. 目视检查

目视检查是检验锻件表面质量最普遍、最常用的方法。检验人员凭肉眼细心观察锻件表面有无裂纹、折叠、压伤、斑点、表面过烧等缺陷。为了便于观察缺陷，通常在酸洗、喷砂或滚筒清除表面氧化皮后进行目视检查。

2. 磁粉探伤

磁粉探伤又称磁粉检验或磁力探伤。它可以发现肉眼不能检查出的细小裂纹，隐蔽在表皮下的裂纹等表面缺陷，但只能用于碳钢、工具钢、合金结构钢等有磁性的材料，而且锻件表面要平整光滑，磁粉探伤后的锻件，必须进行退磁处理。

3. 荧光探伤

对于非铁磁性材料，如有色合金、高温合金、不锈钢等锻件的表面缺陷，可采用荧光探伤。荧光探伤不受材料是磁性还是非磁性的限制，其表面缺陷可用荧光检验来显示。荧光探伤的原理是利用细小裂纹的毛细管作用，使之渗入发光物质，在紫外线照射下发出荧光，从而便于用肉眼发现裂纹形状及所在位置。

4. 着色渗透探伤

此法不受材料是磁性还是非磁性的限制，用带有色彩的高渗透性油液，使之渗入锻件表面缺陷中，用吸附剂吸出，在普通光线下用肉眼即可看到表面缺陷。

四、锻件内部缺陷和组织检验

锻件内部的裂纹、气孔、缩孔、夹杂等缺陷可采用无损检测（如X射线检验或超声波检验），锻件内部的宏观组织则须通过解剖随机抽出的某个锻件典型截面进行观察与分析。

1. 超声波检验

超声波具有很强的穿透能力，可以穿透几米甚至十几米厚的金属。利用超声波检验大型锻件的内部缺陷要比其他无损探伤法更为简便迅速，能较准确地发现缺陷（如裂纹、缩孔、气孔、夹杂物等）的形状、位置及大小。

2. 低倍检验

锻件低倍检验是指用肉眼或借助于10～30倍的放大镜，检验锻件断面上的组织状态，又称为宏观组织检验。其主要方法有酸蚀检验、硫印检验和断口检验等。

（1）酸蚀检验。在锻件需要检验的断面上切取试样，并将其表面加工至粗糙度 Ra 为 0.63～1.25 μm。经过酸液腐蚀，便能清晰地显示断面上宏观组织和缺陷的情况，如锻件的流线、残存的枝晶、偏析、夹杂和裂纹等。

（2）硫印检验。试样的切取和检验面的加工与酸蚀检验基本相同。它是利用照相纸与硫化物作用，以检查钢件中硫化物的分布状况，同时也可间接地判断其他元素在钢中的分布。

（3）断口检验。可以发现钢锻件原材料本身的缺陷，或由于加热、锻造、热处理造成的缺陷，或由于零件使用过程中引起的疲劳裂纹。

在生产中，宏观组织检验主要靠酸蚀检验、断口检验，硫印检验用得不多。

3. 显微组织检验

显微组织检验（高倍检验）是在光学显微镜下检验锻件内部（或断口）组织状态与微观缺陷，因此，检验用试样必须具有代表性。如检验锻件内部不同组织与夹杂物的状态和分布情况，应切取纵向试样；如检验锻件表面缺陷（如脱碳、折叠、粗晶粒）和渗碳淬硬层等则应切取横向试样。

4. 力学性能检验

锻件在热处理后，一般要做硬度检查。根据锻件的重要程度及材料性质还要进行强度、韧性、疲劳、高温蠕变等某一项或几项试验，从而确定其力学性能。硬度检验，可以判断锻件在机械加工时是否具有正常的切削加工性能，也可以发现锻件表面脱碳等情况。

五、锻件的主要缺陷及产生原因

1. 横向裂纹

（1）表面横向裂纹。锻造时坯料表面出现横向较深的裂纹，这是由于钢锭浇铸和脱模后冷却不当等多种原因引起的。严重时由于浇注中断而造成锻料横断成两截，成为无法挽救的废品。表面横向裂纹往往在第一火加热后的锻造中出现，一经发现，大型锻件可用火焰吹氧清理去掉，对小型件可用小剁刀剁除，以免裂纹在锻造中继续扩大。

（2）内部横向裂纹。这是不能从锻件外表看见的缺陷，只有通过磁粉探伤、超声波检验才能发现。产生的原因是冷钢锭在加热过程中，低温区的加热速度过快，或者塑性较差的高碳钢、高合金钢在锻造操作时，相对送进量小于0.5。

2. 纵向裂纹

（1）表面纵向裂纹。在第一火加热后拔长或镦粗时，产生在坯料表面上的纵向裂纹，是由于钢锭模内壁缺陷，或浇注操作不当，或起模后冷却不当，以及钢锭倒棱时压下量过大，或者钢坯在轧制时产生纵向划痕所造成的。锻造时一经发现纵向裂纹应立即清除，以免缺陷继续扩大。

（2）内部纵向裂纹

1）在坯料冒口端中心附近因存在残余缩孔或二次缩孔，锻造后引起纵向内裂。这是钢锭凝固时收缩孔未能集中于冒口部分，或者锻造时冒口端的切头量过少所造成的。

2）在坯料内部出现空心纵向裂纹。这是用上、下平砧拔长圆形坯料时，中心部分金属因受过大的拉应力作用而产生的。

3）在坯料非端部区域的中心附近出现纵向裂纹。其原因是坯料在加热不均匀、内部未热透和温度较低的情况下进行锻造，或者是V形砧角度过大，以及用上、下平砧拔长圆形坯料。

3. 炸裂、龟裂、自行开裂

（1）炸裂。坯料在锻造前加热、锻后冷却或热处理后，表面或内部局部炸开而形成裂纹。产生炸裂的原因是坯料内部具有较高的残余应力，在未予以消除或消除不尽的情况下便采用快速加热或不适当的冷却所致。

（2）龟裂。龟裂是指锻造时在坯料表面出现的龟甲状裂纹。这是由于钢中的铜、锡、砷、硫的含量较高，或者在加热炉中加热铜料后未清除尽炉渣，熔化的铜液渗入钢坯晶界，或者是坯料的始锻温度过高，开始锤击过重等原因造成的。坯料表面较浅的龟裂应及时清除，清除后不妨碍继续锻造。过深的龟裂将造成废品。

（3）自行开裂。锻件在锻后、热处理后或经过较长时间后自行裂开形成裂纹。这是由于锻件在锻造过程中已形成微裂，在冷却或热处理时由于温度应力的作用而进一步加剧，以及锻件内部的残余应力过大等原因引起的。

4. 折叠、歪斜偏心、弯曲和变形

（1）折叠。锻件表面的折叠缺陷是由于砧子的形状不适当、圆角半径过小，或者操作时坯料的送进量小于压下量等因素造成的。

（2）歪斜偏心。锻件的端部歪斜、中心线偏移缺陷，是由于锻造工艺不当或操作欠妥以及加热不均匀等原因所致。

（3）弯曲、变形。锻件在锻造之后或冷却、热处理后弯曲或变形，是由于锻造后修整矫直不够，或冷却、热处理操作不当引起的。

5. 疏松和非金属夹杂

沿钢锭中心的疏松组织未锻合，非金属夹杂未均匀分布等缺陷，是由于钢锭凝固冷却时缩孔和疏松未集中在冒口部分，以及剁除冒口时切头量过少而仍遗留在坯料上，锻造时变形又不均匀，锻造比较小等因素造成的。

6. 力学性能偏低

（1）锻件的强度不够，硬度偏低。这是原材料在冶炼时成分不合要求，或者后热处理不恰当造成的，而不是锻造过程引起的。

（2）锻件的塑性指标和冲击韧性偏低。在原材料冶炼时杂质过多、偏析严重，或者锻造比较小时，均可产生这种缺陷。

模块七　锻工安全技术

锻工是在高温、强噪声环境中工作的，并且有的大型设备是实行两班制或三班制。该工种要求锻工在生产过程中精力高度集中，并严格执行安全操作规程，不然就可能造成锻件报废、设备损坏甚至出现人身安全事故。因此，在生产中严格按照安全技术规程进行操作是非常重要的，也是必须的。以下介绍有关操作规程和用电常识。

一、锻工安全操作规程

1. 操作用的钳子必须适合坯料的形状与规格，钳口变形和沾油的冲子、剁刀等不适合的工具不要再使用。

2. 凹心和卷边的锤头应及时更换。

3. 掌钳工给司锤工以及组长或生产指挥者给司锤工、水压机司机、操纵机司机发出的指挥信号要清晰、准确、果断。其他非指挥人员不能随便发信号。司锤工和水压机司机可拒绝执行违反操作规程的指挥，但不论何人发现紧急情况叫“停”时，司锤工和水压机司机应当马上停止锤头运动。

4. 使用钳子、剁刀、三角等工具时，切忌将手把直对身体，而应侧身掌好。若钳夹较大锻件时应套上钳箍。

5. 在锤头工作过程中，严禁将头、手伸入锤头下，不准用手或脚清除砧面上的氧化铁皮，必须用扫把等清除。

6. 锻造过程中，坯料或胎模必须放置于砧子中央，始锻时应轻，然后再重，以防坯料或模具打裂飞出伤人。

7. 从漏盘等胎模中顶出锻件时，必须使用规矩的物体作垫，如平漏盘或平垫等，不允许用畸形料代替。

8. 使用翻钢机或吊挂时，吊钩应用保险装置将翻钢机或吊挂钩紧固，防止振落和其他物体挂落伤人。

9. 剁料和冲孔时，要掌握好最后快剁掉或冲掉时的打击力量，谨防料头飞出伤人，料头飞出的方向不许站人。

10. 工作场地要清洁，工具、料头、锻件等应存放整齐，以防摔伤和烫伤。

11. 不准触摸电气设备，当设备发生故障时应找维修电工修理，并积极协助。

二、加热炉安全操作规程

1. 操作者必须熟悉本设备的结构、性能，经考核合格后方能进行独立操作。

2. 工作前应穿戴好规定的劳动防护用品，检查炉子的炉门、升降机构及配重是否牢靠，烟道、风阀和各烧嘴的开闭是否正常。

3. 操作者要认真做到“三好”（管好、用好、修好）“四会”（会使用、会保养、会检查、会排除故障），并严格遵守使用设备的“五项纪律”（凭操作证使用设备、保持设备整洁及合理润滑、遵守交接班制度、管好工具附件和发现故障停机修理）和维护设备的“四项要求”（整齐、清洁、润滑、安全）的规定。

4. 点火前应先将空气、煤气的总阀门打开，并检查煤气压力在正常情况下是否达到 10 665 Pa 以上，如压力太低，则不能点火使用，以免造成回火而引起事故。

5. 点火时应先敞开炉门，且打开风阀将炉内废气吸走，关闭风阀后，再将火把放在点火孔里缓缓打开煤气阀，然后打开风阀并调节其大小。

6. 点火时操作者应避开点火孔，炉门前不准有人。

7. 烧嘴应由上到下、由里到外逐个点燃和调节，不准同时进行。

8. 严格遵守工业炉窑使用天然气或煤气的操作规程。

9. 使用煤气炉的车间应有良好的通风装置。

10. 在煤气设备与管路上检查试漏时，严禁使用明火，可用肥皂水试漏。

11. 在正常停炉时，应先关闭煤气阀门，再关闭风阀，最后关煤气总阀门，并打开放散管阀门。

12. 紧急停炉时，要迅速关闭炉体煤气总阀门，即切断煤气来源后再进行检查。当发生煤气事故、火灾、煤气压力下降到 2 665 Pa 以下及设备回火等情况时，均应紧急停炉。

13. 炉中加热的坯料材质、规格、加热情况等均须做好记录，严禁超过炉子允许的最高温度，并应避免急冷急热。

三、用电常识及电气安全保护措施

锻工应了解用电基本常识，下面就有关电气安全方面的一般用电常识做简单介绍。

1. 由于环境的不断变化、工作人员的误操作、电气绝缘的老化、结构变形等因素的存在，电气装置就可能发生事故。因此，必须从设计、安装、运行、维护等各方面采取预防性安全措施。

2. 用电的安全保护措施有保护接地，保护接零，重复接地保护，漏电保护，采用安全电压，装设熔断器、脱扣器、热断电器等。

3. 电气安全技术措施包括防范触电、雷击、静电危害、电磁场危害、各种电气火灾、各种爆炸等事故发生。

总之，在生产中一定要坚持安全第一的原则，并在保证锻件质量的前提下尽量提高生产效率。

第二单元　自由锻造

培训目标

1. 能看懂简单的零件图和锻件图。

2. 了解自由锻造工具的使用和维护保养。

3. 掌握空气锤、蒸汽—空气自由锻锤的操作和维护保养。

4. 掌握手工锻造操作掌钳、抡锤的基本技能。

5. 了解自由锻造生产工艺过程。

6. 掌握镦粗、拔长、冲孔、心轴扩孔、心轴拔长等主要变形工序。

7. 了解自由锻锻件分类及基本变形工序。

8. 掌握自由锻锻造齿轮操作技能。

9. 了解自由锻锻造传动轴操作及变形工艺。

10. 了解自由锻锻造法兰圈操作及变形工艺。

模块一　图样识读

在自由锻造的工艺规范制定、锻件生产及锻件检验过程中，都离不开锻件图，锻件图根据零件图绘制，所以锻造工识读零件图、锻件图是必须掌握的基本技能，现以自由锻造传动轴零件图、传动轴锻件图为例，介绍零件图、锻件图的识读及绘制自由锻锻件图的步骤。

一、零件图识读

在零件的生产过程中，要根据图样注明的材料和数量进行备料，根据图样表示的形状、大小和技术要求进行加工，最后还要根据图样要求进行检验。因此，零件图应具有制造和检验零件的全部技术资料，是制造和检验零件的主要依据。如图 2—1 所示为传动轴零件图。图中 ϕ291 和 875 分别表示传动轴直径为 291 mm 的圆柱体，长度为 875 mm。3.2▽ 表示圆柱体表面粗糙度 *Ra* 最大值不超过 3.2 μm。

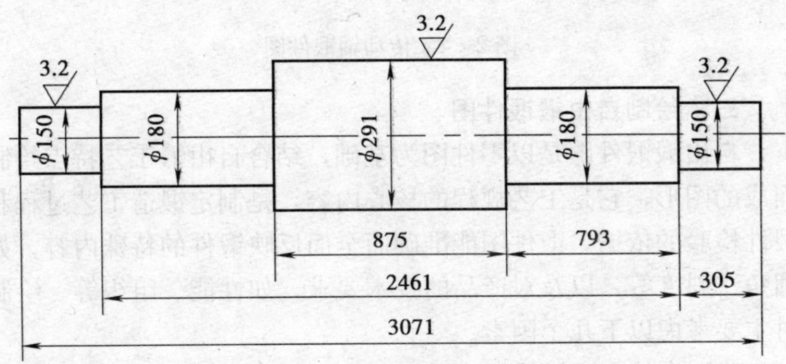

图 2—1　传动轴零件图

二、锻件图特点

锻件图是根据零件图绘制的，简单地说，是在零件图基础上加上机械加工余量和锻造公差及相应的技术要求绘制而成的。当锻件带有锻造不出或锻造不便的凹档、台阶、凸肩、法兰和小孔时，还需在相应的部位附加上一部分多余的金属，即余块。对锻后不需机械加工的锻件，只在零件图上加上锻造公差。锻件图轮廓线用粗实线表示，机加工后的零件轮廓线用双点划线表示。机加工后的零件尺寸标在相应的锻件尺寸下方，并加小括号，如图 2—2 所示。

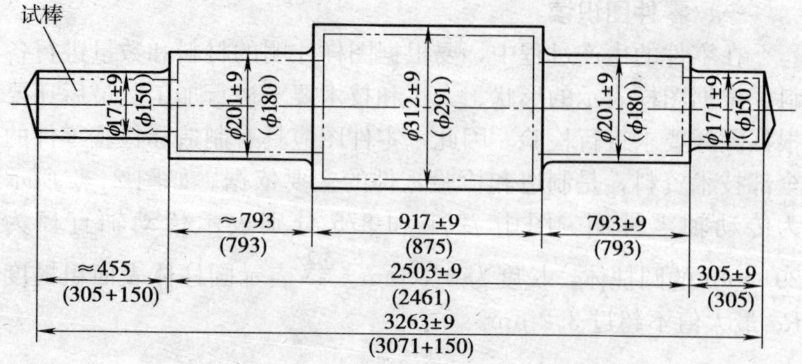

图 2—2　传动轴锻件图

三、绘制自由锻锻件图

自由锻锻件图是以零件图为基础，结合自由锻工艺特点绘制而成的图形，它是工艺规程的核心内容，是制定锻造工艺过程和锻件检验的依据。锻件图能准确而全面反映锻件的特殊内容，如圆角、斜度等，以及对产品的技术要求，如性能、组织等。绘制时主要考虑以下几个因素。

（1）余块。对键槽、齿槽、退刀槽以及小孔、盲孔、台阶等难以用自由锻方法锻出的结构，必须暂时添加一部分金属以简化锻件的形状。为了简化锻件形状以便于进行自由锻造而增加的这一部分金属称为余块，如图 2—3 所示。

（2）锻件余量。在零件的加工表面上增加供切削加工用的余量，称为锻件余量，如图 2—3 所示。锻件余量的大小与零件的材料、形状、尺寸、批量大小、生产实际条件等因素有关。零件越大，形状越复杂，则余量越大。

（3）锻件公差。锻件公差是锻件名义尺寸的允许变动量，其值的大小与锻件形状、尺寸有关，并受生产具体情况的影响，如图 2—2 所示。例如，917±9 表示锻造毛坯加工尺寸最大为 926 mm，最小不能小于 908 mm，±9 就是公差范围。（875）为

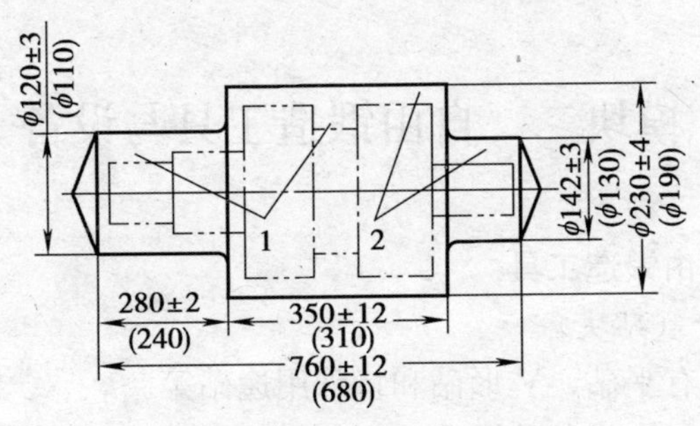

图 2—3　锻件余量及敷料

1—余块　2—锻件余量

机加工后的零件尺寸。

自由锻锻件余量和锻件公差可查有关手册。钢轴自由锻锻件的余量和锻件公差见表 2—1。

表 2—1　　钢轴自由锻锻件余量和锻件公差　　mm

零件长度	零件直径					
	<50	50～80	80～120	120～160	160～200	200～250
	锻件余量和锻件公差					
<315	5±2	6±2	7±2	8±3	—	—
315～630	6±2	7±2	8±3	9±3	10±3	11±4
630～1 000	7±2	8±3	9±3	10±3	11±4	12±4
1 000～1 600	8±3	9±3	10±3	11±4	12±4	13±4

模块二　自由锻造工具与设备

一、自由锻造工具

1. 砧子（砧块）

常用的有平砧、V 形砧和特殊用途砧等。

（1）平时完成各种锻造工序都要使用平砧。锻锤用砧子皆为燕尾结构形式的上、下砧。空气锤上、下平砧如图 2—4 所示，蒸汽—空气锤上、下平砧如图 2—5 所示。

图 2—4　空气锤上、下平砧

图 2—5　蒸汽—空气锤上、下平砧

（2）砧子的使用及维护保养

1）砧子安装要正确、牢固。

2）冬季使用前应预热。

3）砧子使用后温度过高，应适当冷却或暂缓使用。

4）保持砧面的平面度，严重不平的砧面应刨平。砧边的圆角要圆滑，如变尖锐，应修理。

5）不允许空击砧面，尤其不允许重击。

6）工作中应经常清扫砧面上的氧化皮。

2. 冲头（冲子）

冲头用于锻件冲孔（通孔或盲孔）和扩孔，是锻造空心锻件的必须工具。

(1) 实心冲头。为便于在冲孔时取出冲头，将冲头做成锥体，如图 2—6 所示。

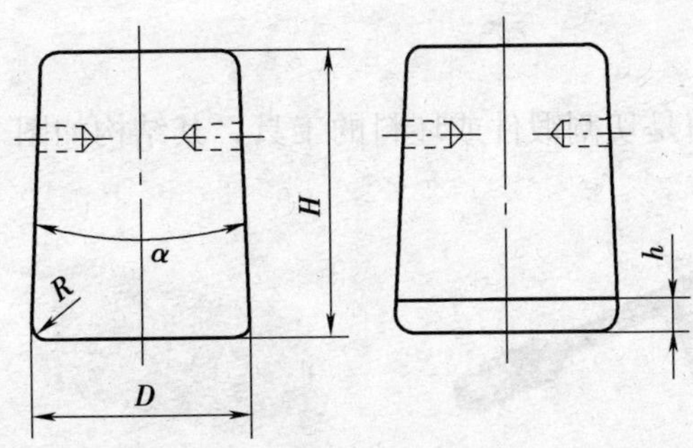

图 2—6　实心冲头

(2) 空心冲头和空心冲垫。与空心冲头配合用的为空心冲垫，如图 2—7 所示。

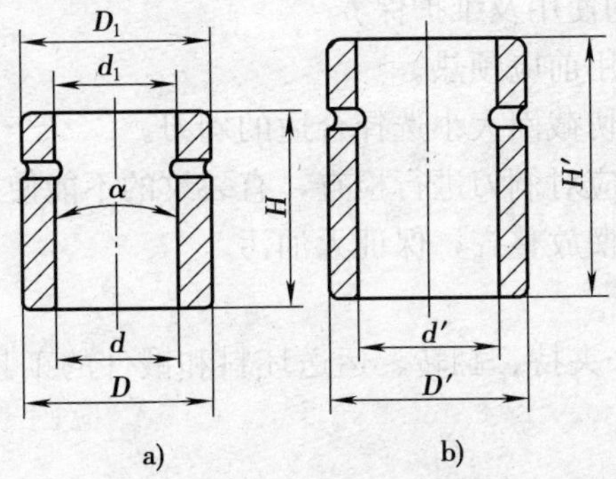

图 2—7　空心冲头、冲垫

a) 空心冲头　b) 空心冲垫

（3）冲头的使用及维护保养

1）冲头若温度太高应适当用水冷却或更换。

2）对损坏的冲头应修整，有裂纹的冲头不能使用。

3）冬季使用前应预热。

4）冲头应经常保持清洁，不得有油污，用后应摆放在指定的位置。

3. 剁刀

（1）剁刀是切割锻件或坯料的工具，其结构如图 2—8 所示。

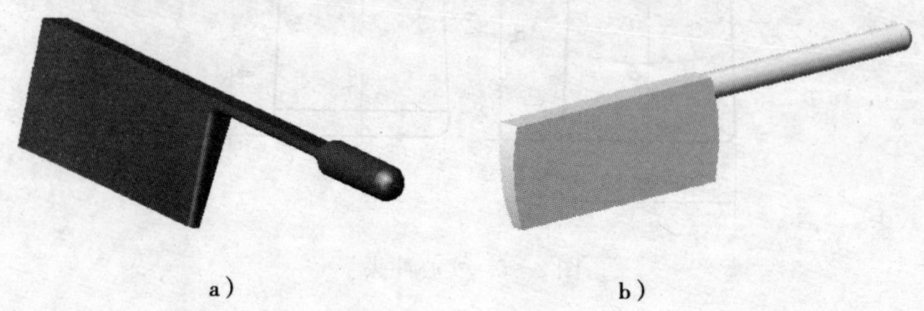

a）　　　　　　b）

图 2—8　剁刀

a）锤用剁刀　b）水压机用剁刀

（2）剁刀的使用及维护保养

1）冬季使用前应预热。

2）按被剁切截面大小选择合适的剁刀。

3）使用前应对剁刀进行检查，有裂纹的不能使用。

4）剁刀应摆放整齐，保证无油污。

4. 钳子

钳子是用来夹持、翻转、运送坯料和锻件的工具，如图 2—9 所示。

5. 马架

（1）马架是支撑马杠进行扩孔的工具。小型马架采用整体式，如图 2—10a 所示。大、中型马架采用组合式，不但开挡可任意调节，而且可用加减砧座来调节高度，如图 2—10b 所示。

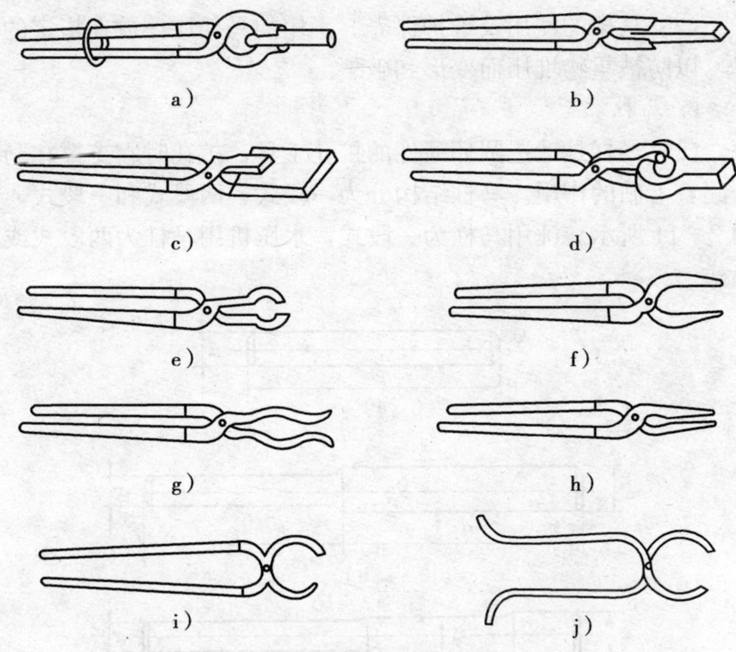

图 2—9　锤锻用操作钳子

a）圆口夹钳　b）方口夹钳　c）扁口夹钳　d）方钩夹钳　e）圆钩夹钳
f）大尖口夹钳　g）小尖口夹钳　h）圆尖口夹钳　i）抱钳　j）抬料钳

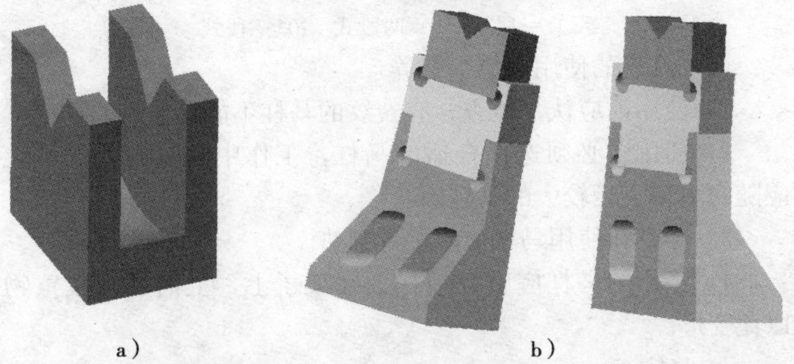

图 2—10　马架

a）整体式　b）组合式

（2）马架的使用及维护保养。不用的马架应摆放在指定的位置，以防被重物堆压而变形和破裂。

6. 马杠

（1）马杠是锻造圆环锻件的扩孔工具，扩孔时它支撑在马架上起着下砧的作用。马杠结构分为一段式、两段式和三段式，如图 2—11 所示。锤用马杠为一段式，水压机用马杠为两段式或三段式。

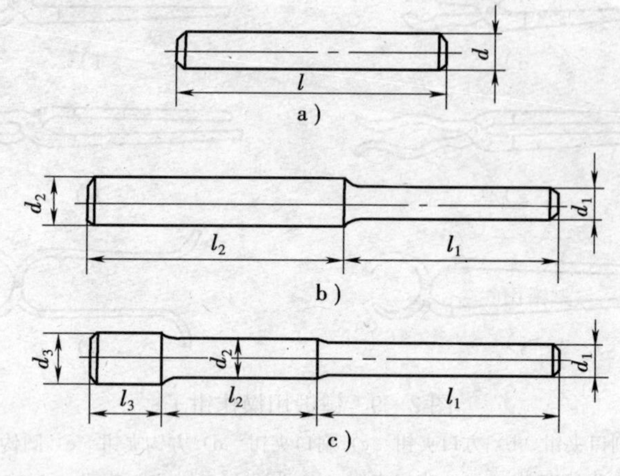

图 2—11　马杠

a）一段式　b）两段式　c）三段式

（2）马杠的使用及维护保养

1）使用前应认真检查，有裂纹的马杠不能使用。

2）使用前必须选择合适的马杠，工作中随着内孔的扩大，应随时更换直径较大的马杠。

3）冬季在使用马杠前应进行预热。

4）不用的马杠应整齐地摆放在架子上，上面禁止放重物，以免变形。

7. 心轴

（1）心轴又称心棒，是用于拔长筒形锻件的工具，其结构形式分为实心心轴和空心心轴两种，如图 2—12 所示。除小型心轴采用实心心轴外，一般都采用空心心轴，以便使用时通水冷却。

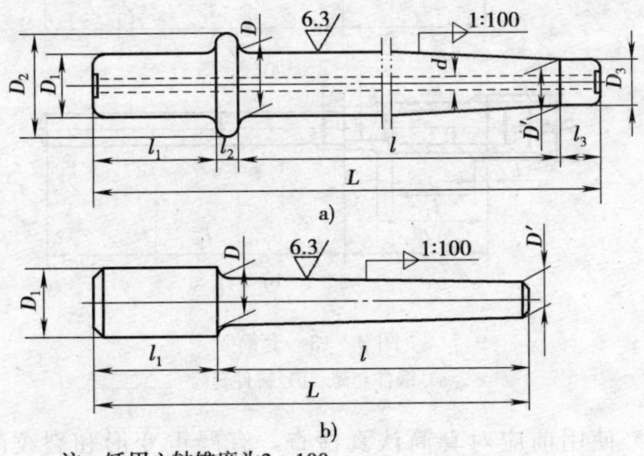

图 2—12　心轴

a) 空心心轴　b) 实心心轴

（2）心轴的使用及维护保养

1）使用前，参照锻件内孔尺寸选用合适尺寸的心轴。

2）空心心轴使用时必须通水冷却。

3）心轴使用中不应受锤击，以防变形。

4）吊运时，防止心轴从高空落下，确保安全。

5）冬季使用心轴前应预热。

6）使用前应涂润滑油。

8. 套筒

（1）套筒是钳口套筒的简称，用来套持钢锭的小端，完成压钳口，或套持已压出的钳口，完成坯料的旋转和进退，套筒和套杆一般采用热装配合，如图 2—13 所示。

（2）套筒的使用及维护保养

1）使用前应根据锭型选择合适的套筒。

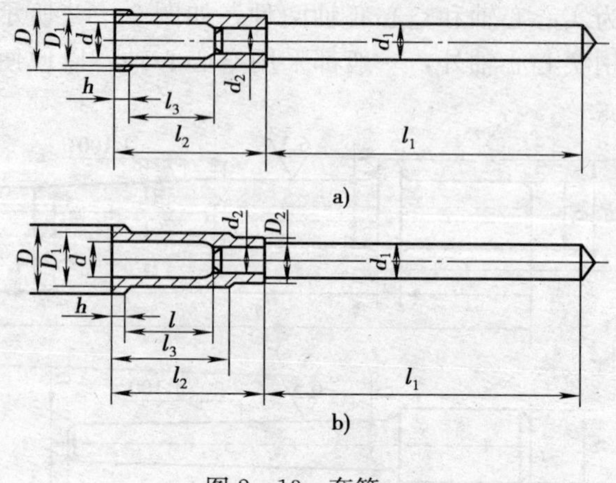

图 2—13　套筒

a）锻件套筒　b）铸件套筒

2）使用前应对套筒认真检查，有严重变形和裂纹的不得使用。

3）套筒上不得有油。

4）使用时锤头不得误压套筒。

5）冬季使用前应预热。

6）不用的套筒应放在架子上。

二、自由锻造设备

根据锻造设备作用力的性质，分为自由锻锤和压力机两大类，由锻锤产生冲击力使金属变形，自由锻锤冲击力通常在250～5 000 kg之间，自由锻锤又分为空气锤和蒸汽锤。

压力机则产生静压力使金属变形，通常压力的大小在500～5 000 t之间。

1. 空气锤

空气锤是电动机通过曲轴带动压缩活塞，产生压缩空气驱动工作活塞和锤头上下运动的锻锤，如图 2—14 所示，空气锤结构简单，操作方便，应用普遍。空气锤的落下部分质量一般为

40～1 000 kg，主要用于小件的自由锻。可以完成全部自由锻造工序，如拔长、冲孔、弯曲等工序。

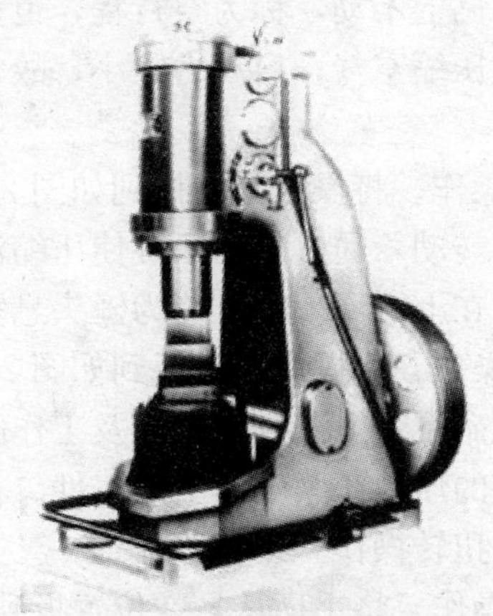

图 2—14　空气锤

（1）空气锤操作方法。操作时使操纵手柄分别处于如图 2—15 所示的不同位置实现不同的动作，空气锤开动前，须将操纵手柄放在空行程位置才能启动电动机，空运转 5～10 min 再开始生产。

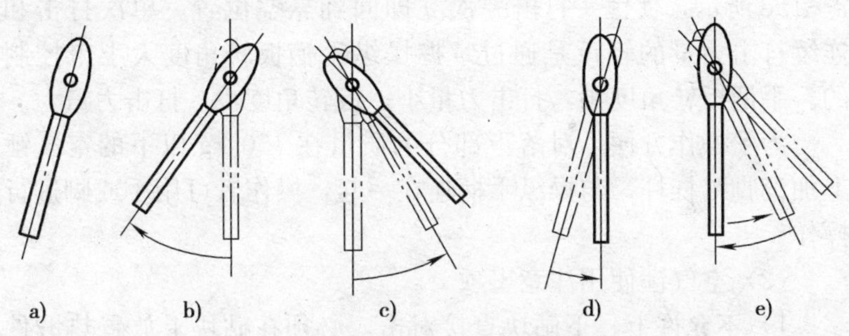

图 2—15　操纵各种动作的手柄位置

a）空行程位置　b）压紧位置　c）连续打击　d）悬空位置　e）单次打击

1）空行程操作。将操纵手柄扳到如图 2—15a 所示的空行程位置，此时电动机转动，通过传动系统使活塞做上下往复运动，而锤头始终停在下砧上不动，称为空行程，也称空转。由于空行程时压缩缸不产生压缩空气，启动力矩小，故常用于电动机的启动。

2）锤头悬空操作。将操纵手柄扳到如图 2—15d 所示的悬空位置，此时电动机转动，通过传动系统使压缩活塞做上下往复运动，而锤头始终悬在上方不下降，称为锤头悬空，又称悬锤。

3）锤头压紧操作。将操纵手柄扳到如图 2—15b 所示的锤头压紧位置，此时上砧在落下部分的质量及工作缸上腔气体压力的作用下，保持足够的压力压紧下砧上的工件。在压紧状态时，可对工件进行弯曲或扭转操作。

4）连续打击操作。将手柄从悬空位置扳到如图 2—15c 所示的连续打击位置，此时压缩活塞做上下往复运动，而压缩空气被轮番压入工作缸的上部和下部，使锤头相应地上下往复运动而进行连续打击。

5）单次打击操作。单次打击是从连续打击演变而成的。将操纵手柄从悬空位置快速扳到连续打击位置并立即返回，如图 2—15e 所示，使锤头打击一次立即回到悬空位置。单次打击和连续打击力量的轻重是通过掌握操纵手柄扳转角度大小来控制的。手柄扳转角度小，打击力量小；扳转角度大，打击力量大。

为了操作方便，对落下部分的质量在 150 kg 以下的空气锤上加设脚踏杠杆，与操纵手柄连在一起，操作者可用手或脚进行操作。

（2）空气锤使用注意事项

1）不允许上、下砧块直接对击，必须在砧块上放置热锻件或木块。

2）不允许锻打已冷却到终锻温度以下的锻件。

3）不允许锻打过薄的锻件。

2. 蒸汽—空气自由锻锤

蒸汽—空气自由锻锤是将压力为600～900 kPa的蒸汽或压缩空气通过操纵阀送入汽缸，从而驱动锤头上下运动的锻锤。它具有较大的打击能量，可用来生产质量小于1 500 kg的锻件，除用来完成自由锻造外，还广泛地用于胎模锻造，如图2—16所示。

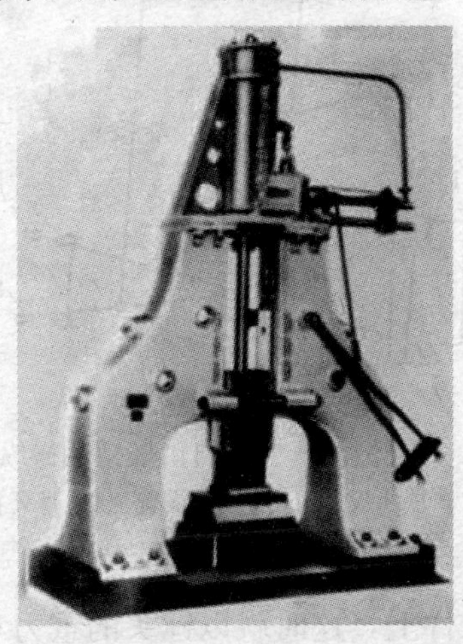

图2—16 双柱式蒸汽—空气自由锻锤

（1）蒸汽—空气自由锻锤的操作方法。蒸汽—空气自由锻锤的工作过程是通过操纵机构（见图2—17）控制节气阀和滑阀，使气体按要求进入汽缸的上部或下部来实现锤头悬空，压紧工件，进行连续打击和单次打击。

1）锤头悬空操作。操作时，先提起节气阀操纵手柄8，使节气阀开启，再提起滑阀操纵手柄7，使蒸汽进入汽缸下部将锤头提起，然后将滑阀操纵手柄移到中间位置切断蒸汽，就可使锤头悬空。若发现锤头有下降时，可略提一下滑阀操纵手柄，适量补充汽缸下部蒸汽即可。在锻造过程中，靠锤头悬空以便更换工具或放置锻件。

2）压紧工件。将悬空位置的滑阀操纵手柄7缓慢地压下，

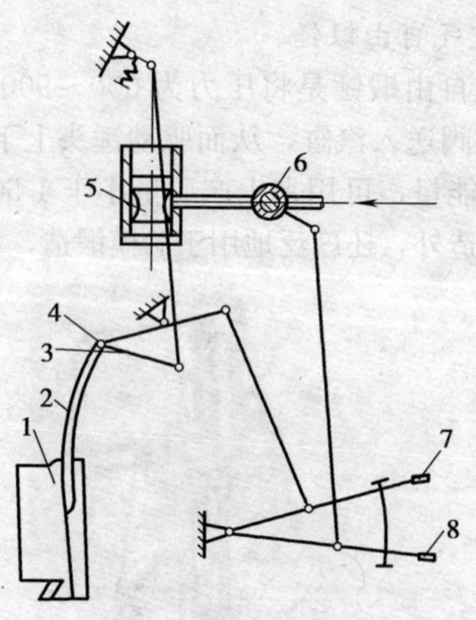

图 2—17　蒸汽—空气自由锻锤的操纵机构

1—锤头　2—月牙板　3—月牙板横臂　4—月牙板活动支点
5—滑阀　6—节气阀　7—滑阀操纵手柄　8—节气阀操纵手柄

使锤头轻轻落在工件上，这时就以锤头的重力和蒸汽作用在活塞顶面的压力压紧工件。在锤上进行弯曲、扭转等工序或更换夹钳时，均须把工件压紧在下砧上。

3）单次打击。按照锤头悬空操作将锤头升起，然后迅速压下滑阀操纵手柄 7，锤头即可迅速向下打击。滑阀操纵手柄 7 每提起并压下一次，锤头就打击一次。

4）连续打击。操作时，只需不断地提起和压下滑阀操纵手柄 7 就可实现连续打击。

（2）自由锻锤使用注意事项

1）班前维护保养

①检查所有螺钉、螺母等易松动零件有无松动和裂纹，检查上下砧垫与斜模结合情况，检查砧块、锤杆有无裂纹。

②检查润滑是否良好，必须按规定按时加润滑油。

③蒸汽锤在开动前应排出冷凝水，使操作灵活。

④空气锤开动前应检查手柄是否放在空程位置，只有放在空程位置才能启动电动机。

⑤使用前将锤杆、锤头预热至100～150℃。

⑥上述准备工作完毕后方可开动锻锤检查操作是否灵活，各种动作是否准确、正常，若能满足生产需要则可投入生产。

2）工作中维护保养

①如发现异常噪声或漏气，应立即停车检修。

②要避免偏心锻造和空击，不准打冷铁，特别是较薄的低温坯料。

③随时打扫砧子上的氧化皮。

3）班后维护保养

①工作完毕，应缓慢落下锤头并将垫块垫在上、下砧之间，使之冷却。

②擦拭设备各部位，滑动表面要涂油防锈。

③搞好场地卫生，填写好交接班簿。

模块三　锻造操作中的手势信号

锻造操作过程中，除对锻造天车指挥外，还要对锻造设备（如锻锤、水压机等）司机与其他人员进行统一指挥。这种指挥要靠各种手势来表示，以达到各种动作的协调。

1. 准备手势

做好生产前准备工作的指挥手势如图2—18所示。指挥者双手五指伸开，两小臂交叉于胸前，要求全体工作人员注意，各负其责，做好充分准备，即将投入生产。

2. 指挥操作的手势

指挥操作手势是指在锻造过程中，指挥者要求司机操作设备和锻工使用各种工具的动作方式所使用的手势。

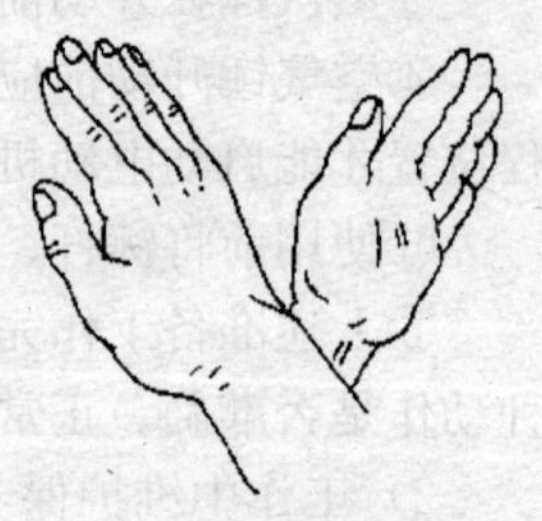
图 2—18　准备工作的手势

（1）向上运动的手势。如图 2—19 所示，指挥者右手臂伸直，掌心向上（表示运动方向），食指伸出，余指握拢，用食指向上弹动，指挥锻造天车和操作机所夹持的物体慢慢向上运动。图 2—20 所示为向上点动的手势，指挥者右手手臂伸直，掌心向上（表示运动方向），小指伸出，余指握拢，用小指向上弹动，指挥锻造天车和操作机所夹持的物体微微向上点动。

图 2—19　向上运动的姿势

图 2—20　向上点动的姿势

（2）翻转的手势。如图 2—21 所示，指挥者两手臂伸于胸前，双手五指自然伸开，掌心相对做半圆弧形动作，要求将物体进行翻转。图 2—22 所示为逆时针旋转的手势。指挥者右手小臂伸出，略向上举，五指自然伸开，以手腕为轴心做逆时针旋转，要求将物体按逆时针方向旋转。

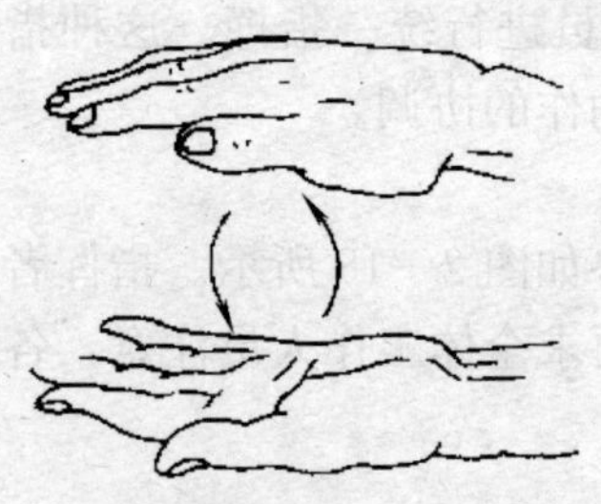
图 2—21　翻转的手势

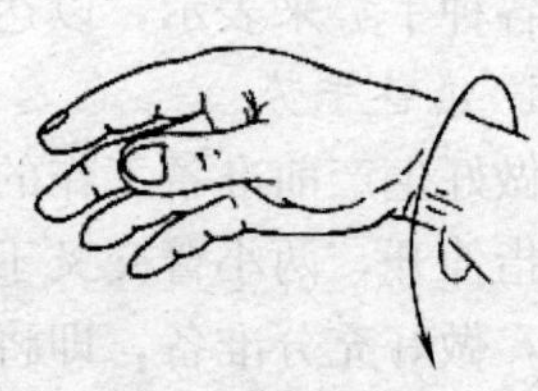
图 2—22　逆时针旋转手势

如图 2—23 所示为顺时针旋转的手势。指挥者右手小臂伸出，略向上举，五指自然伸开，以手腕为轴心做顺时针旋转，要求将物体按顺时针方向旋转。

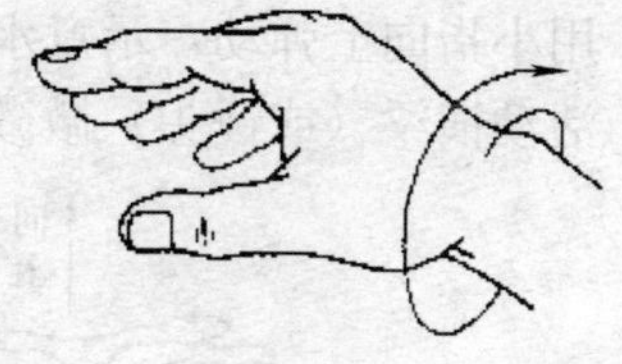

图 2—23　顺时针旋转手势

（3）指挥水压机、锻锤司机的手势

1）施压或打击的手势。如图 2—24a 所示，指挥者左手臂向一侧水平伸直，五指自然伸开，掌心向下（表示运动方向），同时手臂向下移动，示意水压机司机（或锻锤司机）操作设备，向物体迅速施压（或连打）。

2）轻压或轻打的手势。如图 2—24b 所示，指挥者左手臂向一侧水平伸直，小指伸开，余指握拢，掌心向下（表示运动方向），用小指向下弹动，示意水压机司机（或锻锤司机）操作设备向物体轻压（或轻打），或使设备缓慢下降。

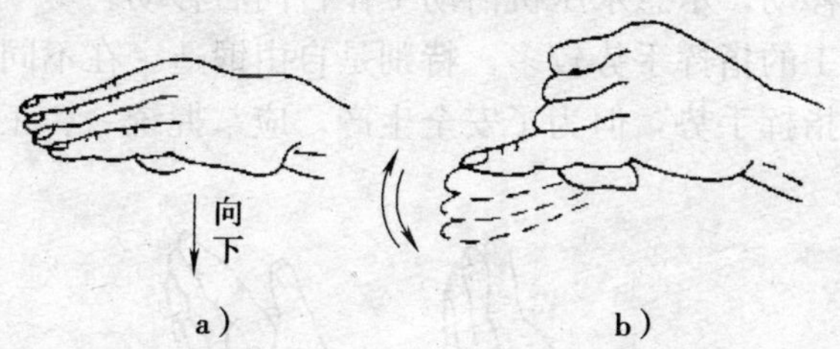

图 2—24　指挥水压机、锻锤司机的手势

a）施压或打击的手势　b）轻压或轻打的手势

3）迅速提升的手势。如图 2—25a 所示，指挥者左手臂向一侧水平伸直，五指自然伸开，掌心向上（表示运动方向），同时手臂向上移动，示意水压机司机（或锻锤司机）操作设备，将活动横梁（或锤头）迅速提升。

4）微微提升的手势。如图 2—25b 所示，指挥者左手臂向一侧水平伸直，小指伸开，余指握拢，掌心向上（表示运动方向），用小指向上弹动，示意水压机司机（或锻锤司机）操作设备，将活动横梁（或锤头）微微提升。

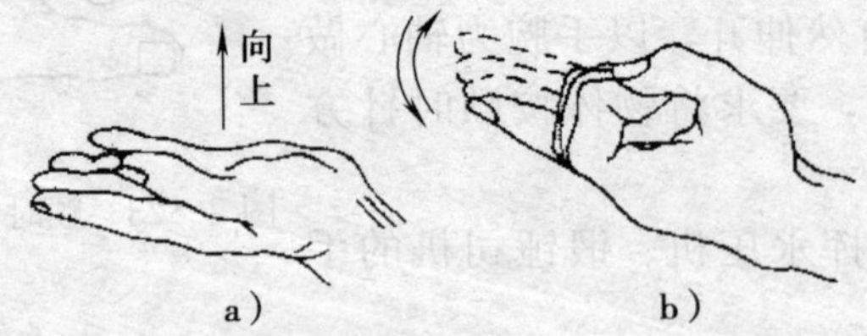

图 2—25　提升的手势

a）迅速提升的手势　b）微微提升的手势

5）向左移动的手势。如图 2—26a 所示，指挥者左手臂向胸前水平伸直，五指自然伸开，掌心向左（表示运动方向），同时手臂向左移动，示意水压机活动工作台向左移动。

6）向右移动的手势。如图 2—26b 所示，指挥者左手臂向胸前水平伸直，五指自然伸开，掌心向右（表示运动方向），同时手臂向右移动，示意水压机活动工作台向右移动。

锻造工的指挥手势较多，特别是自由锻造，在不同的工厂虽有各自的指挥手势，但为了安全生产，应掌握统一、正确的指挥手势。

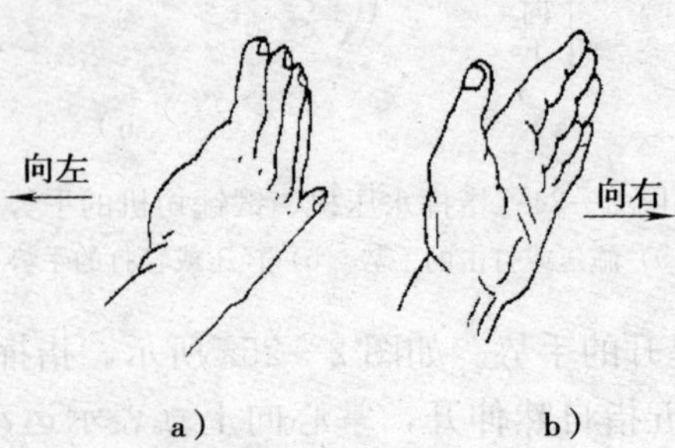

图 2—26　移动的手势

a）向左移动的手势　b）向右移动的手势

模块四　手工锻造操作

手工锻造作为机器锻造的辅助操作，常用于锻件的局部修整，细小锻件的成型和安装，更换工具等。因此，它也是锻造工初学者必不可少的基本技能训练之一。

一、钳子及其操作

1. 掌钳的姿势

钳子主要用来夹持锻件，掌钳时，首先站正位置，左脚应离铁砧约半步，右脚在左脚后半步，上身稍向前倾，眼睛注视工作物的锻打点，如图 2—27a 所示。右手操锤子指挥大锤打击，如图 2—27b 所示。左手握住钳杆中部，另一人用大锤打击，如图 2—27c 所示。

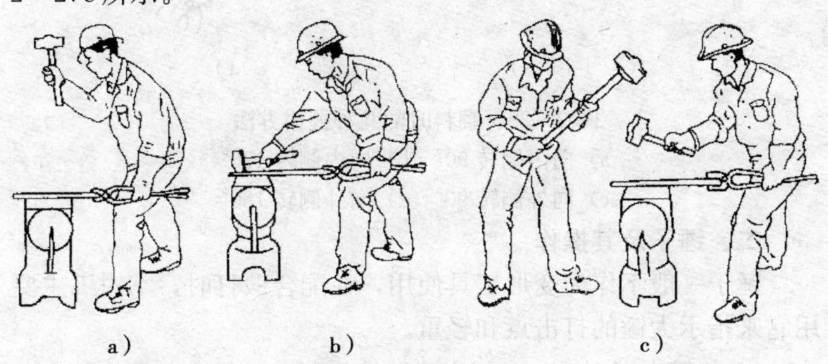

图 2—27　掌钳的姿势
a）准备　b）指挥　c）打击

2. 掌钳的方法

锻打过程中，随时掌握好钳位的高度，使坯料始终平稳地放在砧面上，且需不断地翻转或移动坯料。不同的翻动方向有不同的握钳方法，图 2—28 所示为翻料时的几种握钳方法。

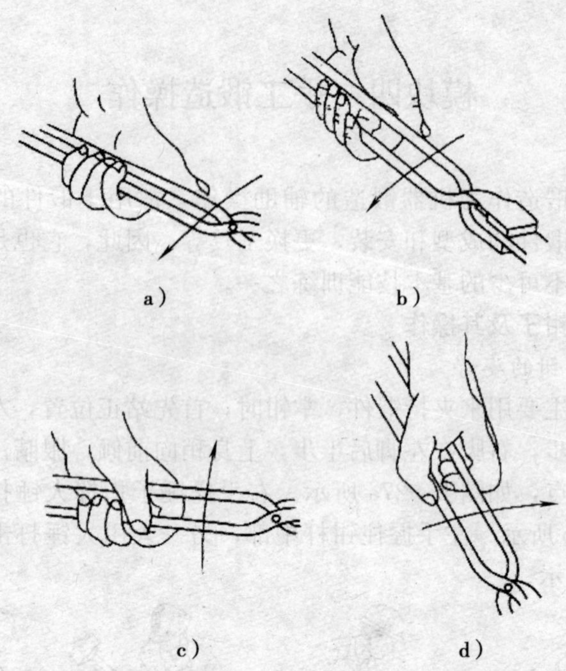

图 2—28　翻料时的几种握钳方法

a）向内侧转 90°　b）向内侧转 180°

c）向外侧转 90°　d）向外侧转 180°

二、锤子及其操作

锤子一般不作为变形工具使用，在配合锻打时，掌钳工主要用它来指示大锤的打击点和轻重。

1. 手挥法

只靠手腕的运动，锤击力不大，用于指挥大锤的打击点和打击轻重，如图 2—29a 所示。

2. 肘挥法

手腕和肘部协同用力，同时作用，锤击力较大，这种方法运用较多，如图 2—29b 所示。

3. 臂挥法

手腕、肘部和臂部一起运动，这种方法锤击力大，但较费力，不易掌握，如图 2—29c 所示。

图 2—29 锤子的打法

a) 手挥法 b) 肘挥法 c) 臂挥法

三、大锤及打法

大锤是手工锻造的主要工具，打大锤是锻造工的基本技能之一。打锤时，打击是否准确有力，这与打锤姿势和方法有直接关系。打大锤需要平时刻苦练习才能熟练掌握。

1. 抱打法

打击过程的姿势如图 2—30 所示。抱打时人应平稳地站在铁砧的斜角前方，使身体对着工作物，右脚向前迈出半步，并与左脚约成直角。右手向前伸，握在锤柄的中间处，左手紧紧握住柄端。图 2—30a 所示为刚要把大锤举上去的姿势，然后将锤举起至右后方，并使上身微向后弯。图 2—30b 所示为把大锤举到右肩上刚要打下去时的瞬间姿势，用左手控制锤头的打击位置，右手尽全力按锤，看准目标急速打下，为使锤头准确地打击在坯料上，右手须同时急向柄端抽回。图 2—30c 所示为锤头打在坯料上的瞬间撤回了腕力的姿势。此时，若利用锤头对坯料迅猛打击而产生的回弹力，则能轻易地举起大锤，继续进行抱打。

2. 抡打法

打击常采用此法。抡打时，左脚在前，脚尖对着工作物，右

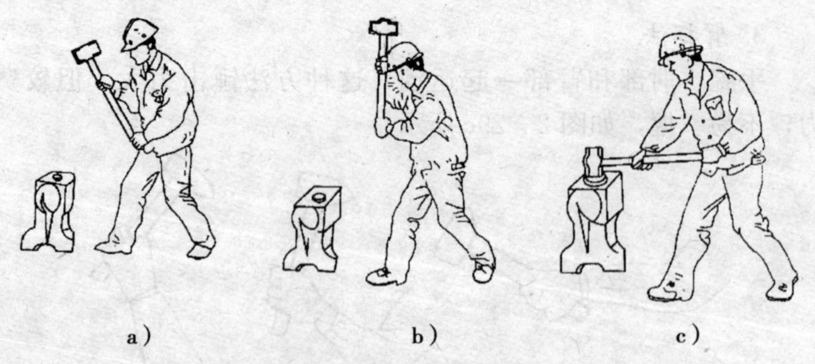

图 2—30　抱打的姿势

a）开始举锤　b）开始落锤 c）　打击坯料

脚在后，并与左脚约成直角。左手紧握锤柄末端，右手握在左手前方约柄长 1/4 处。打击时，将锤头从前下方向身后抡起。当锤头从上落下时，右手猛力向下按锤柄，集中全力打击坯料。同时右手抽滑到左手旁。在锤击坯料的瞬间，利用打击时的回弹力，右手又向前滑到锤柄的 1/4 处，再举起大锤，做连续打击。图 2—31 所示为抡打的姿势。

图 2—31　抡打的姿势

3. 横打法

横打法的速度快，锤击力大。它是用于打击面处于垂直位置时的打击方法。横打法可分为水平横打法和过肩横打法两种。当采用水平横打法时，锤头的运动路线为一水平圆弧形，如图 2—32a 所示，此法容易打准目标。当采用过肩横打法时，锤头做空间曲线运动，如图 2—32b 所示，其锤击力大，不易掌握。横打时的站立姿势和握锤方法与抡打基本相似，无论是水平横打或过肩横打，最后落点都要对准打击物，并做到准确有力，如图 2—32c 所示。

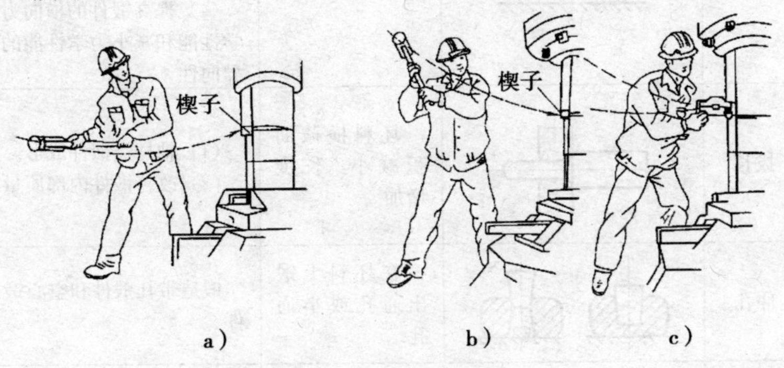

图 2—32　横打的姿势

a）水平横打法　b）过肩横打法　c）横打时的最后落点

模块五　自由锻造工艺

任何一个自由锻锻件的成形过程，都是由一系列变形工序所组成的。自由锻工序一般可分为：基本工序、辅助工序和修整工序三类。

一、变形工序分类

1. 基本工序

基本工序是指能够较大幅度地改变坯料形状和尺寸的工序，

也是自由锻造过程中主要变形工序。如镦粗、拔长、冲孔、弯曲、扩孔、心轴拔长、错移、扭转、剁切等，见表2—2。

表2—2　　　　　　　　自由锻造基本工序

基本工序	简图	特点	用途
镦粗	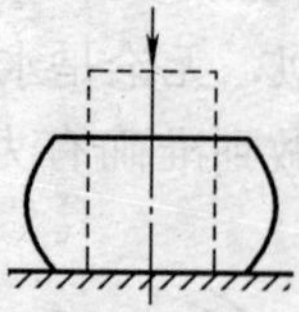	坯料高度减小，横截面积增大	(1) 锻制饼块类锻件 (2) 空心锻件在冲孔前使坯料横截面增大和平整 (3) 锻造轴杆类锻件可提高后续拔长工序的锻造比 (4) 提高锻件的横向力学性能和减小力学性能的异向性
拔长	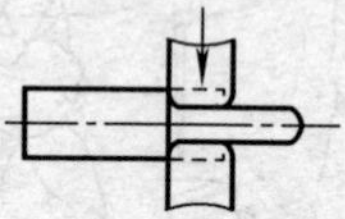	坯料横截面积减小，长度增加	(1) 轴杆类锻件成形 (2) 改善锻件内部质量
冲孔		在坯料上锻出通孔或半通孔	锻造带孔锻件和空心锻件
弯曲	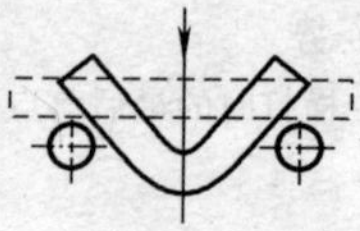	将坯料弯成规定的外形	锻造各种弯曲锻件
扩孔　冲子扩孔	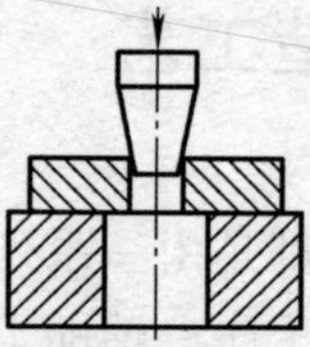	减小空心坯料壁厚而增加其内、外径	锻造各种圆环锻件
扩孔　心轴扩孔	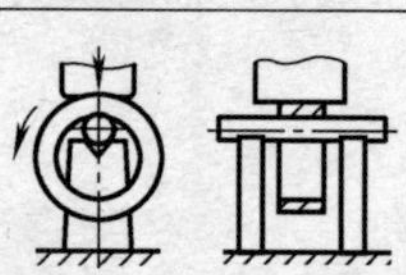		

续表

基本工序	简图	特点	用途
心轴拔长		减小空心坯料壁厚而增加其长度	锻造各种长筒锻件
错移		将坯料的一部分相对另一部分错开	锻造曲轴类锻件
扭转		将坯料的一部分相对另一部分绕其相同轴线旋转一定角度	锻造曲轴、麻花钻、地脚螺栓等
剁切		将坯料剁断（切断）或部分分离	切断坯料

2. 辅助工序

辅助工序是指在坯料进入基本工序前预先变形的工序。如预压夹钳把、钢锭倒棱和缩颈倒棱、阶梯轴分锻压痕等，见表 2—3。

表 2—3　　自由锻造辅助工序

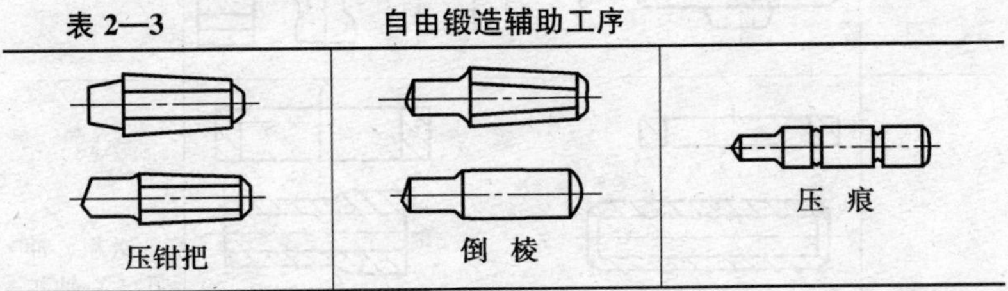

3. 修整工序

修整工序是指用来精整锻件尺寸和形状使其完全达到锻件图要求的工序。一般是在某一基本工序完成后进行。如镦粗后的鼓形滚圆和截面滚圆，凸起、凹下及不平和有压痕面的平整、端面平整，拔长后的弯曲校直和锻斜后的校正等，见表 2—4。

任何一个自由锻件的成形过程中，上述三类工序中的各工序可以按需要单独使用或进行穿插组合。

表 2—4　　　　自由锻造修整工序

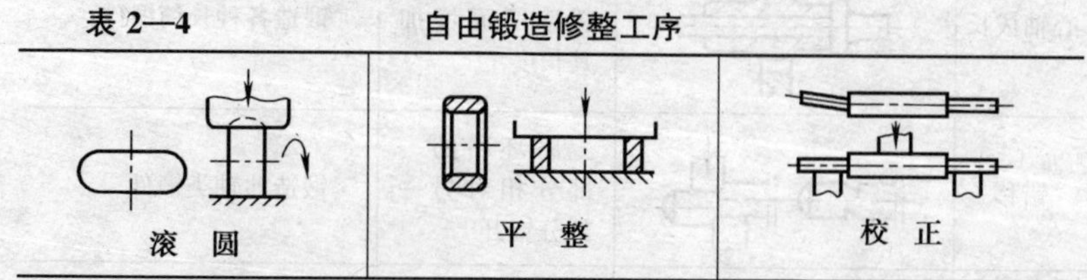

二、自由锻件分类

按自由锻件的外形及其成形方法，可将自由锻件分为六类：饼块类、空心类、轴杆类、曲轴类、弯曲类和复杂形状类锻件。自由锻件分类见表 2—5。

表 2—5　　　　自由锻件分类

锻件类型	图例	工艺特点
饼块类	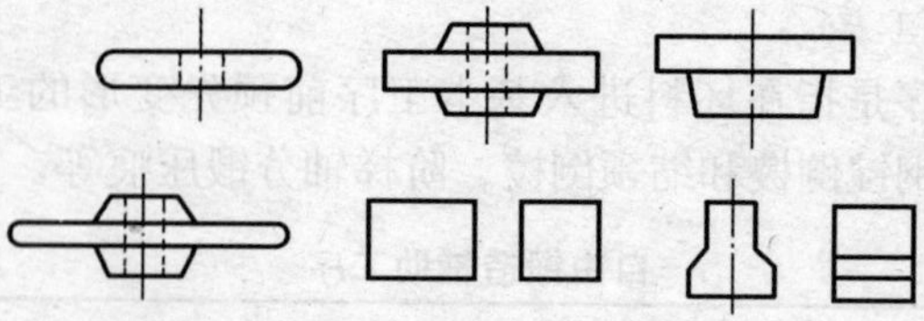	镦粗
空心类	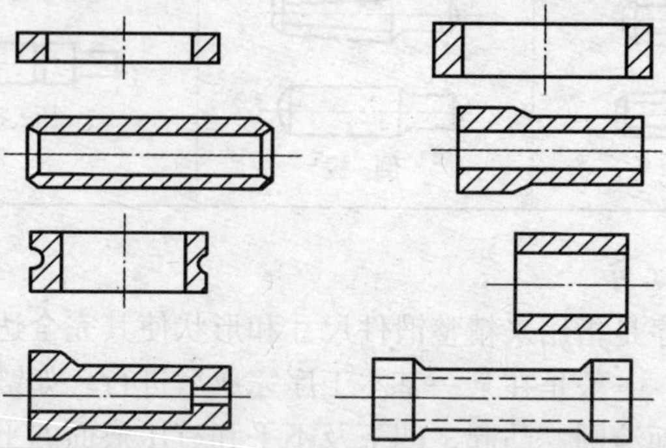	镦粗、冲孔、心轴扩孔、心轴拔长

续表

锻件类型	图例	工艺特点
轴杆类	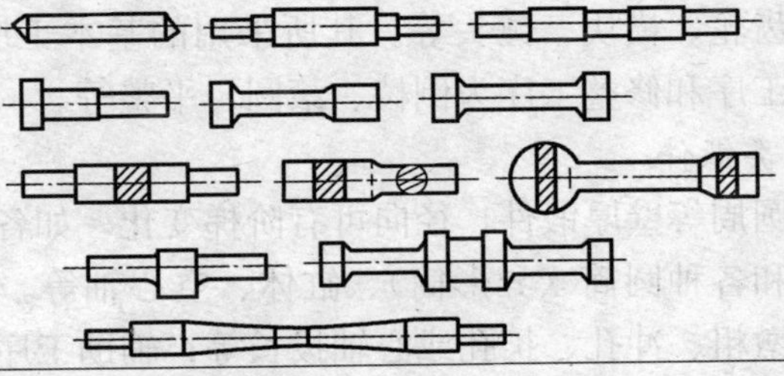	截面相差不大的：拔长 截面相差较大的：镦粗—拔长
曲轴类	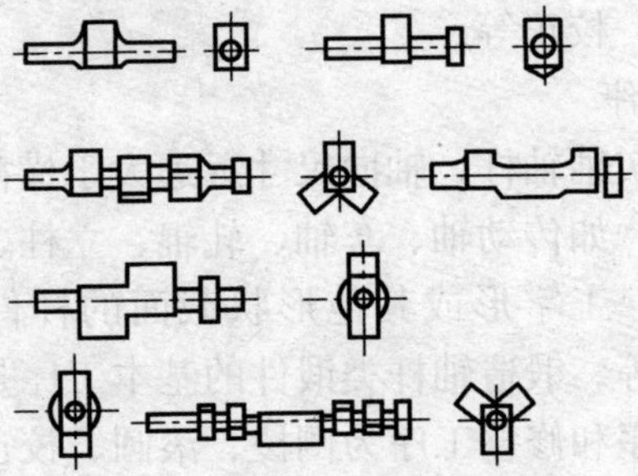	拔长、错移、扭转
弯曲类	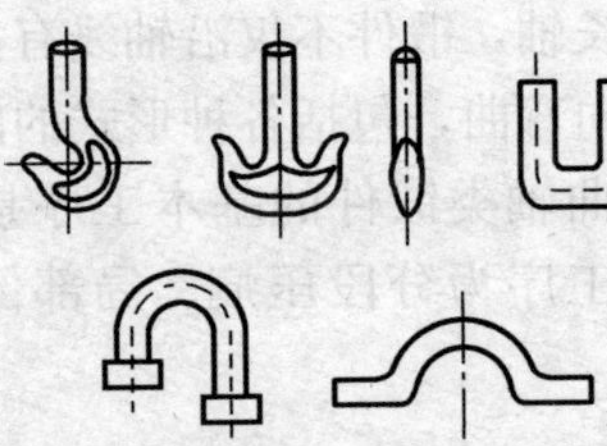	拔长、弯曲
复杂形状类	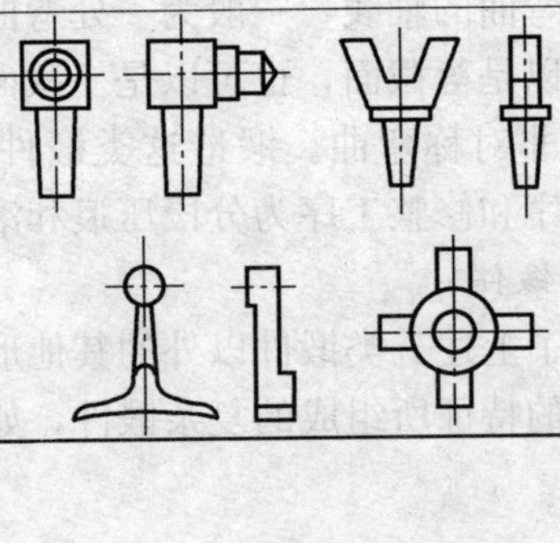	适当工序的组合

1. 饼块类锻件

这类锻件外形横向尺寸大于高度尺寸，或两者相近，如圆盘、叶轮、齿轮、模块、锤头等。其所采用的基本工序为镦粗。随后的辅助工序和修整工序为倒棱、滚圆、平整等。

2. 空心类锻件

一般为圆周等壁厚锻件，径向可有阶梯变化，如各圆环、齿圈、轴承环和各种圆筒（异形筒）、缸体、空心轴等。所采用的基本工序为镦粗、冲孔、扩孔或心轴拔长等；辅助工序和修整工序为倒棱、滚圆、校正等。

3. 轴杆类锻件

这类锻件为实轴轴杆，轴向尺寸远远大于横截面尺寸，可以是直轴或阶梯轴，如传动轴、车轴、轧辊、立柱、拉杆等，也可以是矩形、方形、工字形或其他形状截面的杆件，如连杆、摇杆、杠杆、推杆等。锻造轴杆类锻件的基本工序是拔长，或镦粗加拔长；辅助工序和修整工序为倒棱、滚圆、校正等。

4. 曲轴类锻件

这类锻件为实心长轴，锻件不仅沿轴线有截面形状和面积变化，而且轴线有多方向弯曲，包括各种形式的曲轴，如单拐曲轴和多拐曲轴等。锻造曲轴类锻件的基本工序是拔长、错移和扭转；辅助工序和修整工序为分段压痕、局部倒棱、滚圆、校正等。

5. 弯曲类锻件

这类锻件具有弯曲的轴线，一般为一处弯曲或多处弯曲。沿弯曲轴线，截面可以是等截面，也可以是变截面。弯曲可以是对称弯曲，也可以是非对称弯曲。锻造这类锻件的基本工序是拔长、弯曲，辅助工序和修整工序为分段压痕和滚圆、平整。

6. 复杂形状类锻件

这类锻件是除了上述五类锻件以外的其他形状锻件，也可以是由上述五类锻件的特征所组成的复杂锻件，如阀体、叉杆、吊环体、十字轴等。由于这类锻件锻造难度较大，所用辅助工具较多，因此，在锻造时应合理选取锻造工序，保证锻件顺利成形。

模块六　自由锻造饼块类锻件

一、饼块类锻件工艺分析

饼块类锻件包括各种圆盘、凸肩齿轮、立方体、板状等锻件。表 2—6 给出了齿轮类锻件的典型工艺过程，由上述工艺规程可知，生产该类锻件的基本工序是镦粗、冲孔、修整。

表 2—6　　齿轮锻件工艺过程

锻件名称	齿轮	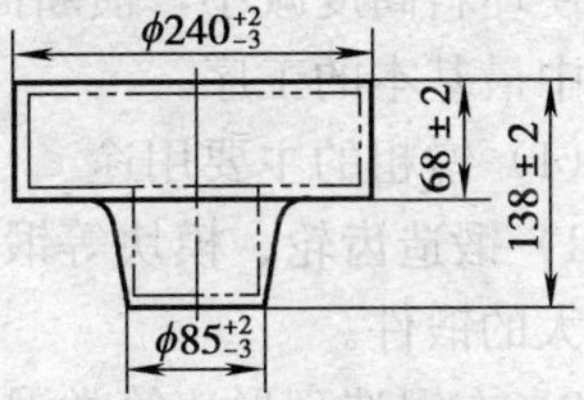
坯料质量	29.5 kg	
坯料尺寸	ϕ120 mm×333 mm	
材料	45	
设备		
序号	工序名称	变形简图
1	拔长	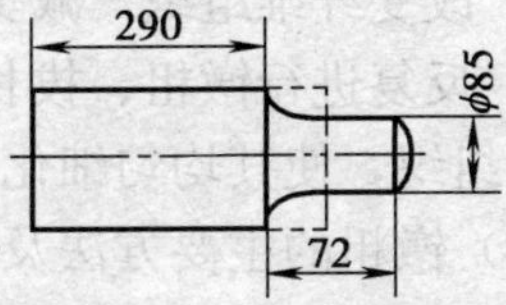
2	局部镦粗	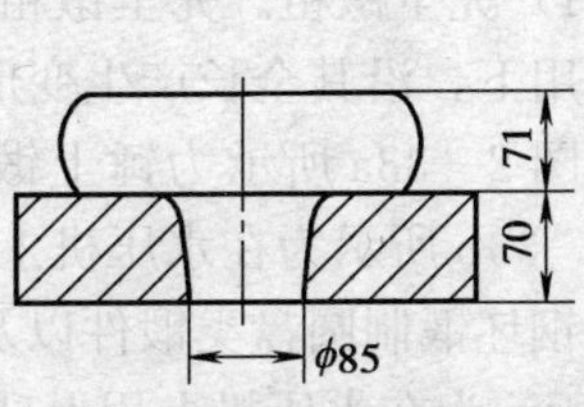

续表

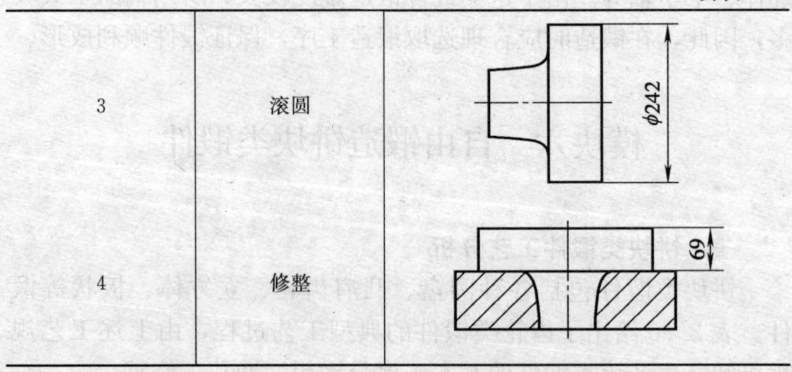

3	滚圆	
4	修整	

1. 镦粗操作

使坯料高度减小，横断面积增大的锻造工序叫镦粗。镦粗是锻造中最基本的工序。

（1）镦粗的主要用途

1）锻造齿轮、模块等锻件，以断面积较小的坯料得到断面积较大的锻件。

2）在锻造环形、筒类锻件时作为冲孔前的准备工序。

3）可作为提高下一步拔长锻造比的预备工序。

4）改变纤维组织，减少力学性能的异向性。

5）反复进行镦粗、拔长可以有效地击碎高合金工具钢中的碳化物组织，使其均匀细化。

（2）镦粗的主要方法及注意事项

1）完全镦粗。完全镦粗是将坯料竖直放于砧面上，在上砧的作用下，沿其全长产生变形的镦粗方法，如图 2—33 所示。

图 2—33a 所示为锤上锻造在上、下平砧之间的镦粗方法。图 2—33b 所示为在水压机上的平板间镦粗。这两种镦粗方法多用于钢坯锻制圆盘类锻件以及带孔锻件在冲孔前的镦粗。图 2—33c 所示为在水压机上用上球面锻粗板和下平板之间的镦粗，主要应用于冲孔后要求端面平整的坯料镦粗。图 2—33d 所示为水

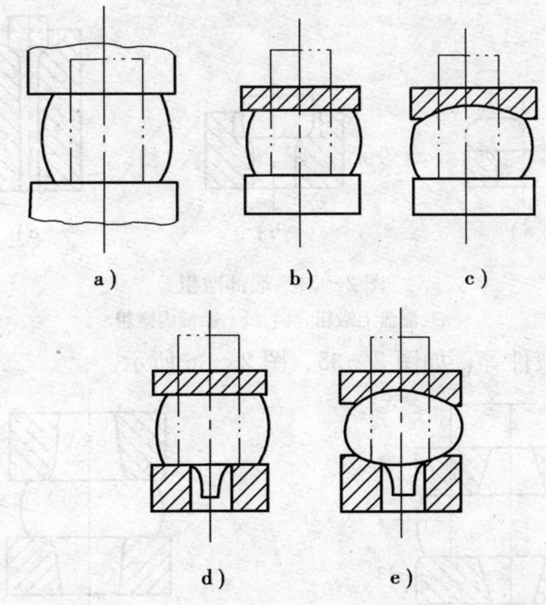

图 2—33　完全镦粗

a）平砧间镦粗　b）平板间镦粗　c）上球面锻粗板和下平板间镦粗

d）带钳把平板镦粗　e）带钳把上球面锻粗板镦粗

压机上带钳把的平板镦粗，主要用于锻宽板或方形截面锻件前的锭料镦粗。图 2—33e 所示为水压机上带钳把的球面锻粗板镦粗，主要用于锭料拔长前的镦粗，目的是防止以后拔长时，端面产生凹陷等缺陷。

2）端部镦粗。只对坯料的端部进行镦粗的操作叫做端部镦粗。它是局部镦粗中最常用的一种方法，坯料有的进行全部加热，有的进行局部加热，这要视坯料的大小和加热设备的情况而定，如图 2—34 所示。

3）中间镦粗。将加热的坯料直接（或两端拔出凸台后）置于两漏盘间，使坯料中间产生镦粗变形。它属于局部镦粗的一种。这种方法用来锻造中间大、两头小的锻件，可用于镦粗齿

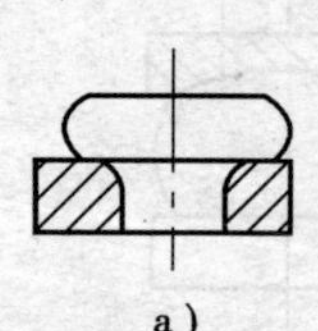
a）

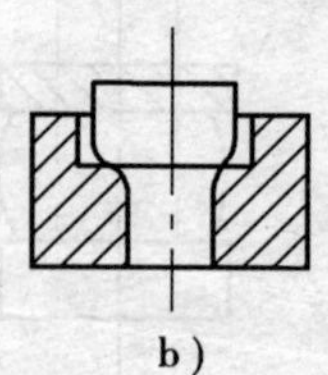
b）

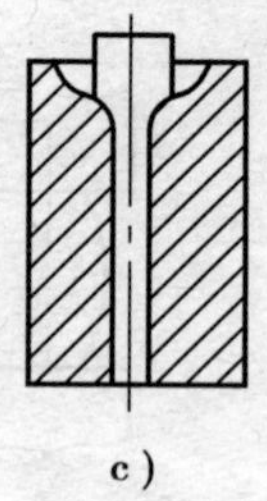
c）

图 2—34　端部镦粗

a）漏盘上镦粗　b），c）胎模内镦粗

轮、链轮锻件等，如图 2—35、图 2—36 所示。

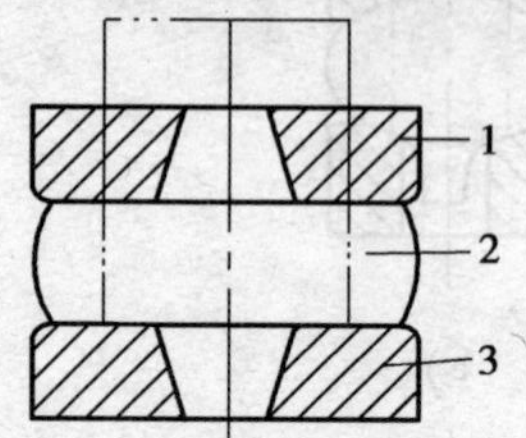

图 2—35　坯料直接在两个漏盘之间镦粗

1—上漏盘　2—锻件　3—下漏盘

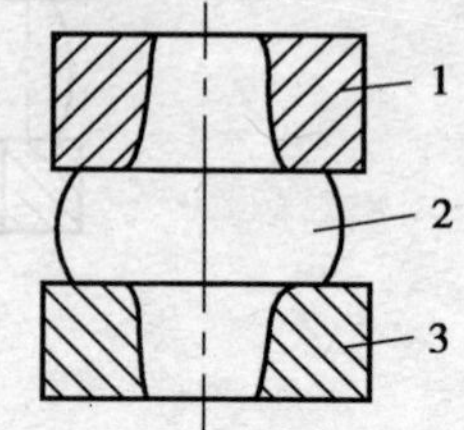

图 2—36　坯料拔出凸台后在漏盘之间镦粗

1—上漏盘　2—锻件　3—下漏盘

（3）镦粗操作要领

1）镦粗操作前要熟悉锻造工艺。

2）水压机镦粗大型坯料的立料方法，一般都采用吊钳立料，应根据坯料质量和直径选择合适的吊钳或锻粗板链。

3）镦粗时应将坯料垂直放置，若坯料端面不平，立不垂直，可用上砧压住坯料，移动工作台或在偏斜方向下端面处加热，使坯料垂直。

4）若镦粗后还需拔长，则镦粗高度应考虑拔长的可能性，即不能镦得太矮。

5）中间镦粗时坯料中心应与两漏盘中心对准，上漏盘应放平稳，轻压，检查无误后再重压，使坯料中间镦粗成形。

6）在锻锤上、下平砧间镦粗时，为了防止镦粗时坯料产生歪斜，使其变形均匀，需用夹钳边锤击边转动坯料，如图 2—37a 所示。而且随着坯料直径的增大，应更换较大的夹钳。若夹钳选择不合适，两钳把之间距离过大，如图 2—37b 所示，这种操作方法非常危险，尤其是掌钳人站在两钳把中间，若坯料突然掉落时，该夹钳会将人夹在中间造成事故。

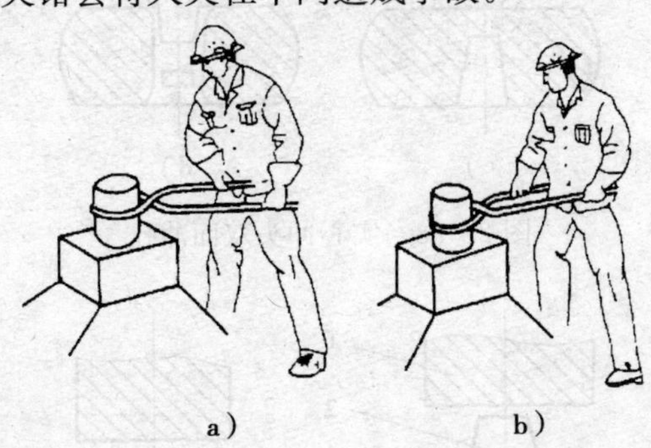

图 2—37　锻锤上、下平砧间镦粗时夹钳使用

a）选用夹钳正确　b）选用夹钳不正确

2. 冲孔操作

在坯料上冲出透孔或不透孔的锻造工序叫做冲孔。对透孔来说，有冲孔芯料损耗。冲孔的基本工具是冲头，按其结构形式分为实心冲头和空心冲头两种。

（1）冲孔的方法

1）实心冲头双面冲孔。操作时，先从一面将冲头冲入，其深度约为坯料高度的 2/3～3/4，取出冲头后，将坯料翻转 180°。再从反面将冲头对准孔位冲入，并把孔冲穿，芯料掉进漏盘孔中，成为废料，如图 2—38 所示。

2）实心冲头单面冲孔。实心冲头单面冲孔又称为漏孔，常用于锻件高度 H 和直径 D 的比值 $H/D<0.125$ 的薄坯料冲孔，冲孔的操作方法如图 2—39 所示，将坯料放在漏盘上，把冲头大端朝下对准孔位，锤击冲头，直至冲穿。

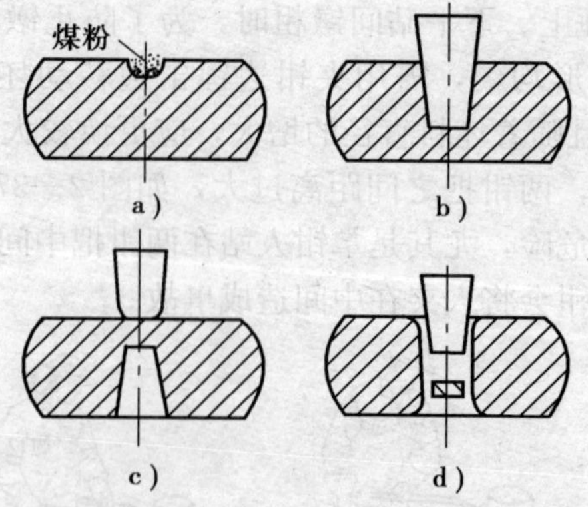

图 2—38　实心冲头双面冲孔

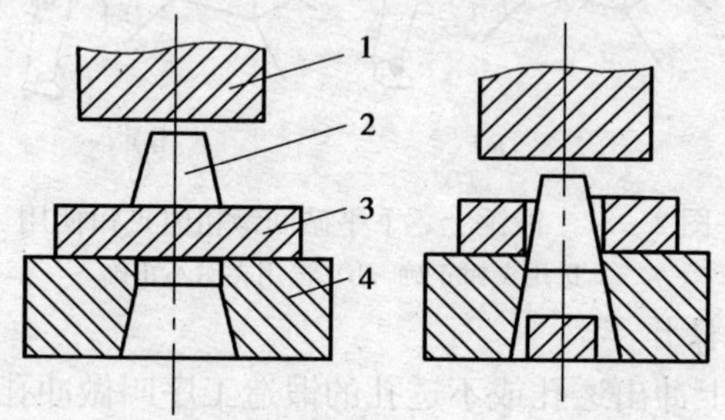

图 2—39　实心冲头单面冲孔

1—上砧　2—冲头　3—坯料　4—漏盘

3）空心冲头冲孔。在水压机上冲孔直径大于 400 mm 时，采用空心冲头冲孔，其操作方法如图 2—40 所示。

（2）冲孔操作要领

1）坯料加热应均匀，冲孔前必须镦粗，使端面平整。

2）冲孔前要仔细检查冲头，不得有裂纹，否则冲头容易被击碎飞出伤人。冲头端面应平整，且须与中心线垂直，防止歪斜冲入，影响锻件质量。

3）需找准冲孔中心后再冲入坯料，否则冲偏后较难纠正。

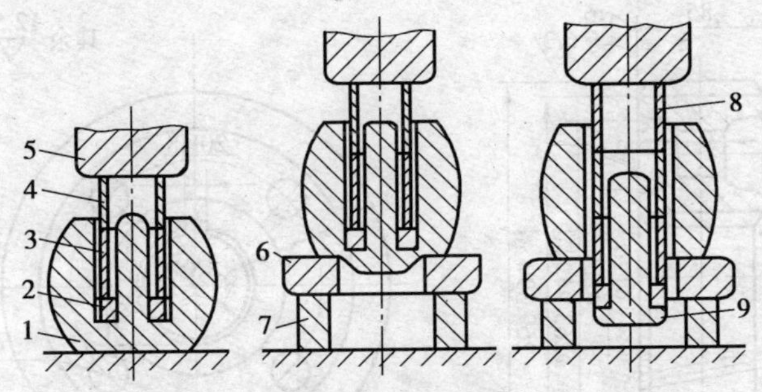

图 2—40　空心冲头冲孔

1—坯料　2—冲头　3—第一个冲垫　4—第二个冲垫
5—上砧　6，7—漏盘　8—第三个冲垫　9—芯料

4）钢锭冲孔时，冒口部分应放在下面，以便将质量不好的部分在芯料中去除。

5）在漏盘中冲孔只适用于高径比 $H/D<0.125$ 的薄饼类锻件。

6）空心冲头冲孔只适用于冲直径大于 400 mm 的孔。

7）实心冲头冲孔一般 $D_0/d\geqslant2.5\sim3.0$，$H_0\leqslant D_0$（D_0 为实心坯料直径，H_0 为坯料高度，d 为冲头直径）。

二、饼块类锻件齿轮自由锻锻造操作示例

1. 齿轮零件图

如图 2—41 所示。

2. 技术条件

（1）调质硬度 235～248HB。

（2）齿坯外圆径向跳动允许为 0.015 mm。

（3）外圆可按 h8 加工，非基准面（A 处）上打上实际外圆尺寸，切齿深度按此推算。

3. 绘制锻件图

根据锻件材质与技术条件要求，锻件锻后需要粗加工后调质处理，以使硬度达到 235～248HB。根据一般规定，增加 3 mm 粗加工余量。

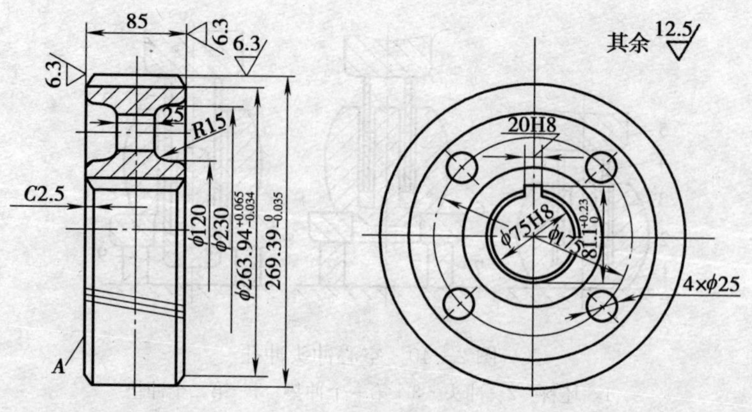

图 2—41　齿轮零件图

4. 零件分析

（1）零件没有力学性能要求，不留试棒，齿轮一般不需要留特殊加工夹头。

（2）4 个 ϕ25 mm 小孔很难锻出，全部加放余块。

（3）凹槽宽（230－120）/2＝55 mm，深 30 mm，因生产数量少，锻出加放余块。

（4）齿轮锻件应该冲孔。

综合上述分析，形状应该是冲孔圆饼，如图 2—42 所示。

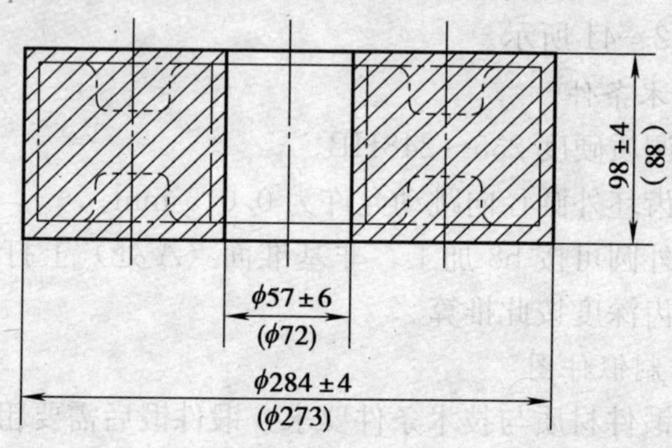

图 2—42　齿轮锻件图

5. 确定工序过程

一般冲孔圆饼锻件采用镦粗、冲孔、修整工艺。

6. 选择设备与工具

按坯料规格与锻件尺寸，规定在落重为 750 kg 的锻锤上锻造。这类锻件除用冲头、漏盘、钳子外，不需要其他专用工具。

7. 确定加热、冷却和热处理工艺

（1）ϕ175 mm×260 mm 的坯料（42SiMn）可采用快速加热工艺。首先将坯料装入 1 250℃高温炉内，加热 1. 5 h，最多不要超过 5 h。

（2）锻后冷却。饼类锻件有效截面高度为 98 mm，查表规定空冷。

（3）热处理工艺锻件空冷后进行退火处理，降低锻件硬度，便于粗加工并为调质做好组织准备。退火工艺如图 2—43 所示。

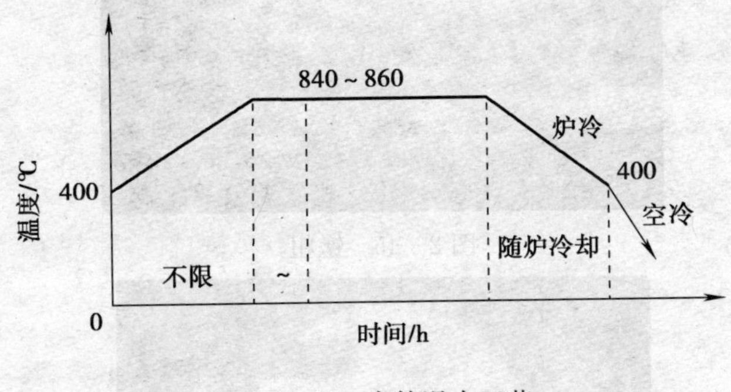

图 2—43 齿轮退火工艺

8. 操作方法

（1）锻件坯料 ϕ175 mm×260 mm，始锻温度 1 240℃，终锻温度 750℃，镦粗至坯料高 115 mm，如图 2—44、图 2—45 所示。

（2）用滚圆钳子滚外圆，消除凸肚，平整高度至 108 mm，如图 2—46 所示。

图 2—44　锻件坯

图 2—45　镦粗

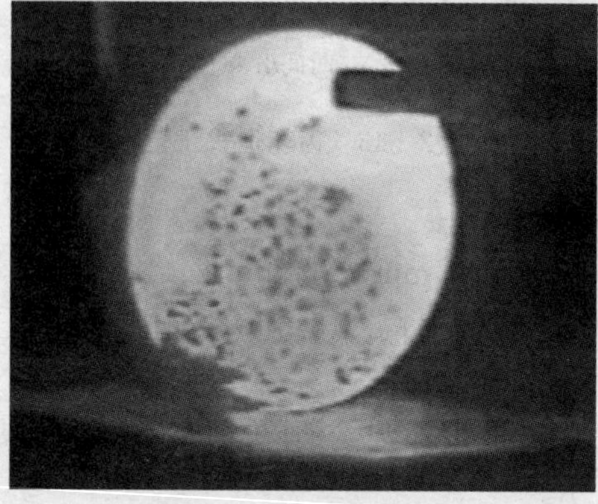

图 2—46　滚外圆

（3）双面冲孔，第一次冲孔深约 70 mm，翻转 180°，冲头对准孔位把芯料冲掉。冲头一定要放在坯料中心，如图 2—47、图 2—48 所示。

图 2—47　第一次冲孔

图 2—48　翻转 180°冲孔

（4）滚外圆，消除凸肚。料要立正，不能歪斜。外圆尺寸控制在锻件下公差，如图 2—49 所示。

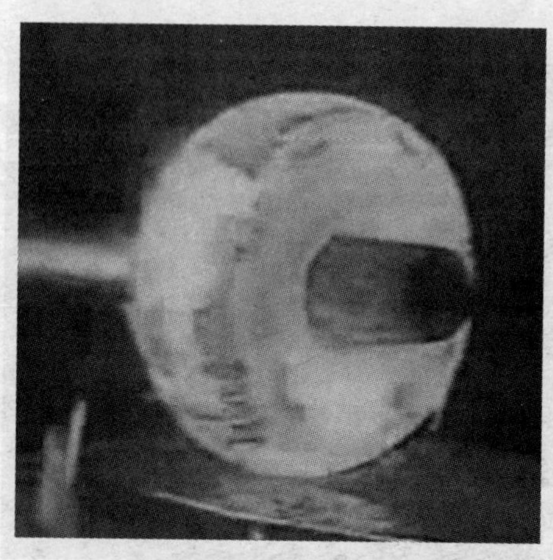

图 2—49　滚外圆

（5）平整至工艺要求高度，再轻滚外圆到工艺尺寸，最后平整、校平，出成品。

9. 操作要领

（1）镦粗工序中坯料两端面必须平整，并且应垂直于中心线，垂直安放在下砧面上。如坯料端面不垂直于中心线，则应经修整坯料后再镦粗。

（2）冲孔时应仔细检查冲头，不得有裂纹，并且端面要平整，防止冲头歪斜冲入坯料，以保证冲孔质量和安全生产。

（3）冲孔时要找正中心孔，并且两面冲孔时孔位要对正，以免冲孔后出现叠伤或立刺。

10. 工艺卡片

将上述编制、计算的齿轮锻造工艺规程填入工艺卡片，见表 2—7。

表 2—7　　　　　　　齿轮工艺卡片

名称	齿轮	锻件图			
类别	Ⅶ				
钢号	42SiMn				
坯料质量/kg	49.1				
锻件质量/kg	46.7				
锻件占总质量/%	95.1				
每坯锻件数	1				
火次	**温度/℃**	**操作说明**	**变形过程图**	**设备**	**工具**
1	750～1 240	坯料 镦粗 冲孔 修整	坯料：260，φ175 镦粗：108 冲孔修整：98，φ57，φ284	750 kg 锤	冲头 漏盘
编制		审核		批准	

锻件图尺寸：98±4 (88)；φ57±6 (φ72)；φ284±4 (φ273)

模块七　自由锻造空心类锻件

一、空心类锻件工艺分析

空心类锻件一般为圆周等壁厚锻件，径向可有阶梯变化。如各种圆环、齿圈、轴承环和各种圆筒（异形筒）、缸体、空心轴等，所采用的基本工序为镦粗、冲孔、扩孔或心轴拔长等，其中镦粗、冲孔操作已在饼块类锻件工艺分析中介绍。

1. 扩孔操作

减小空心坯料壁厚，增加其内外径的锻造工序叫做扩孔。

（1）扩孔的主要方法

1）冲头扩孔。在锤上自由锻时，当空心锻件的直径与孔径的比值 $D/d \geqslant 1.7$、高度 $H > 0.125D$ 时，便可采用冲头扩孔。冲头扩孔的操作如图 2—50 所示，将坯料镦粗到 $H_1 = 1.05H$ 的高度后预先冲出较小的孔，然后用直径较大的扩孔冲头逐步把孔径扩大到要求的尺寸。

2）心轴扩孔。心轴扩孔主要应用于锻造环形锻件，或者用

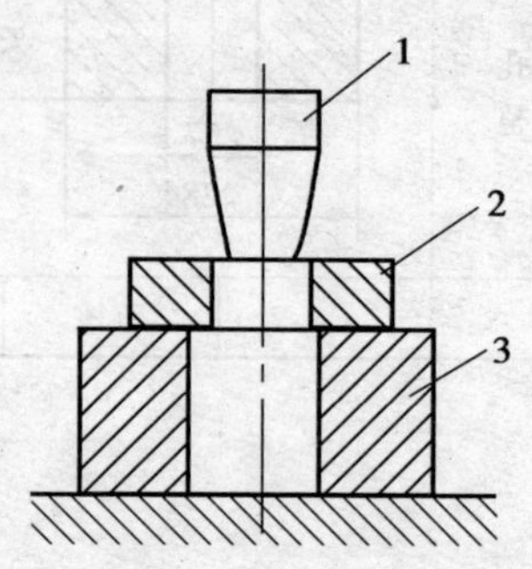

图 2—50　冲头扩孔

1—扩孔冲头　2—坯料　3—漏盘

于心轴拔长锻造筒形件前的预备工序。心轴扩孔的操作方法如图2—51所示，将心轴穿入预先冲好孔的坯料中，并支撑在马架上，围绕坯料圆周进行锤击。

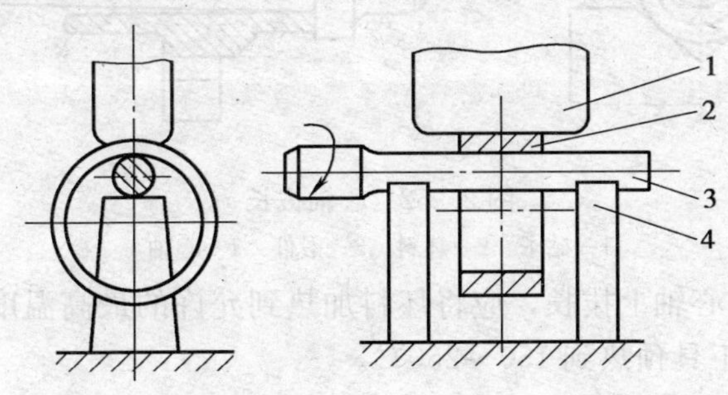

图2—51 心轴扩孔

1—上砧 2—坯料 3—心轴 4—马架

（2）扩孔操作要领

1）扩孔前，如坯料的冲孔直径 d_0 小于心轴直径 d_1 时，则应先用冲头扩孔，然后再用心轴扩孔。

2）为了保证扩孔后壁厚均匀，坯料每次的转动量和压缩量应尽可能趋于均匀一致。

3）在扩孔过程中，随着孔径的增大，应换用直径较大的心轴。

4）在小型水压机上进行心轴扩孔时，可以用下平砧、平台取代马架进行制坯镦粗。

2. 心轴拔长操作

心轴拔长是一种减小空心坯料的外径，增加其长度而内径不变的锻造工序，主要用于锻制长筒形锻件、缸体锻件。

（1）心轴拔长的方法。心轴拔长的制作过程如图2—52所示。空心坯料拔长时，在孔中穿一根心轴，所以叫心轴拔长。

（2）心轴拔长操作要领

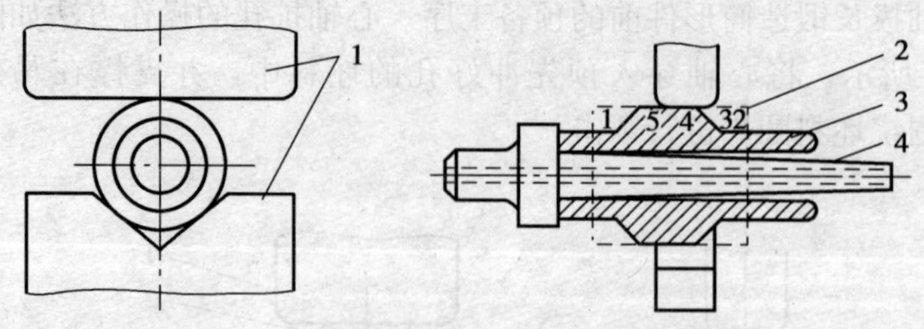

图 2—52　心轴拔长

1—砧子　2—坯料　3—锻件　4—心轴

1）在心轴上拔长，应将坯料加热到允许的最高温度，心轴和砧子等工具预热到 150～250℃。

2）在心轴上拔长时心轴做成 1/150～1/100 斜度，并要求心轴表面光滑，拔长时涂以润滑剂（石墨加油），以减小轴向摩擦阻力。

3）为改善心轴拔长时坯料的应力状态，可采用型砧拔长，拔长过程均应以六角形为主要变形阶段，即：圆→六角→圆。

4）心轴拔长时的坯料高度 H_0 通常取等于坯料直径的 0.6～1.0 倍。

5）为避免心轴拔长锻件两端产生裂纹，应在高温下先锻坯料两端，然后再拔长中间部分。

二、空心类锻件法兰圈自由锻锻造操作示例

1. 法兰圈零件图、锻件图

法兰圈零件图如图 2—53 所示，法兰圈锻件图如图 2—54 所示。

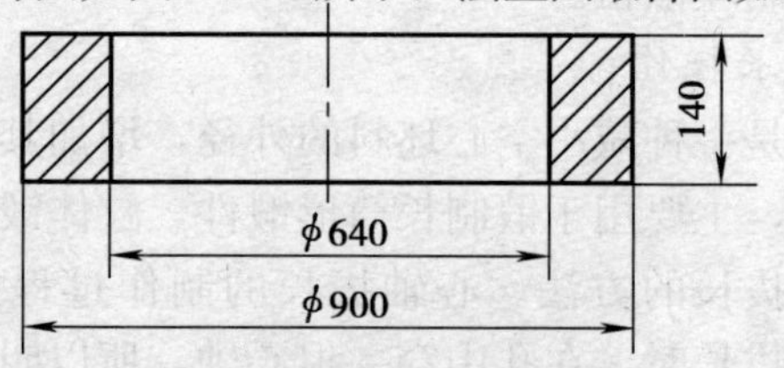

图 2—53　法兰圈零件图

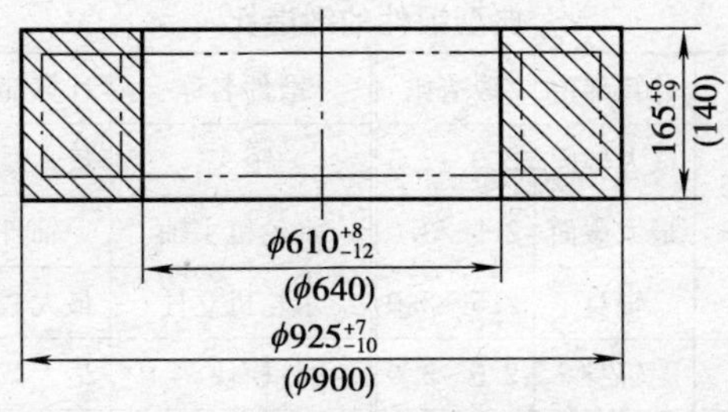

图 2—54 法兰圈锻件图

2. 技术要求

（1）不允许有裂纹。

（2）内壁不得出现折叠、梅花压痕。

（3）材料为 45 钢。

（4）形状要求。要求圆度公差不大于 4 mm。

3. 确定坯料的质量和尺寸

（1）坯料的质量。由锻件图可知，它属于空心类锻件，其坯料质量为：

$$G_{坯料} = G_{锻件} + G_{烧损} + G_{料头}$$

式中 $G_{坯料}$——实心坯料质量，kg；

$G_{锻件}$——锻件质量，kg；

$G_{烧损}$——加热时坯料因表面氧化而烧损的质量，kg（第一次加热取被加热金属质量的 2%～3%，以后各次加热取 1.5%～2.0%）；

$G_{料头}$——锻造过程中被冲掉或切掉的那部分金属的质量，kg（如冲孔时坯料中部的料芯，修切端部产生的料头等）。

（2）确定坯料尺寸。根据塑性加工过程中体积不变原则和采用的基本工序类型（如拔长、镦粗等）的锻造比、高度与直径之比等计算出坯料横截面积、直径或边长等尺寸。典型锻件的锻造比见表 2—8。取锻造比 2.0～2.5，坯料尺寸为 ϕ340 mm×758 mm。

表 2—8　　　　典型锻件的锻造比

锻件名称	计算部位	锻造比	锻件名称	计算部位	锻造比
碳素钢轴类锻件	最大截面	2.0～2.5	锤头	最大截面	≥2.5
合金钢轴类锻件	最大截面	2.5～3.0	水轮机主轴	轴身	≥2.5
热轧辊	辊身	2.5～3.0	水轮机立柱	最大截面	≥3.0
冷轧辊	辊身	3.5～5.0	模块	最大截面	≥3.0
齿轮轴	最大截面	2.5～3.0	航空用大型锻件	最大截面	6.0～8.0

4. 拟订锻造工序方案

按照锻件的标称尺寸，需冲孔、心轴扩孔，故该锻件锻造工序方案采用镦粗、冲孔、心轴扩孔、修整。

5. 工序尺寸的确定

在心轴扩孔后，坯料的高度尺寸有增大的现象，而在坯料冲孔时，其高度略有降低。因此，心轴扩孔和冲孔前的坯料高度尺寸是确定工序尺寸中的关键。

扩孔前坯料高度尺寸 H_0 按下式计算：

$$H_0 = 1.05kH$$

式中　H_0——扩孔前坯料高度尺寸，mm；

H——锻件高度尺寸，mm；

k——锤上心轴扩孔增宽系数。

$H/D = 165/925 = 0.18 < 0.3$，$d/d_0 = 610/250 = 2.44$，按图 2—55 中查得 $k = 0.91$ 代入上式得

$$H_0 = 1.05 \times 0.91 \times 165 = 158\ (\text{mm})$$

考虑到冲孔时坯料高度略有减小，冲孔前坯料高度尺寸 $H_{冲前}$ 取为：

$$H_{冲前} = 1.1H_0 = 1.1 \times 158 = 173.8\ (\text{mm})$$

为了方便测量，取 $H_{冲前} = 175$ mm。

根据塑性加工过程中体积不变原则，镦粗前坯料体积等于冲孔前坯料体积，即

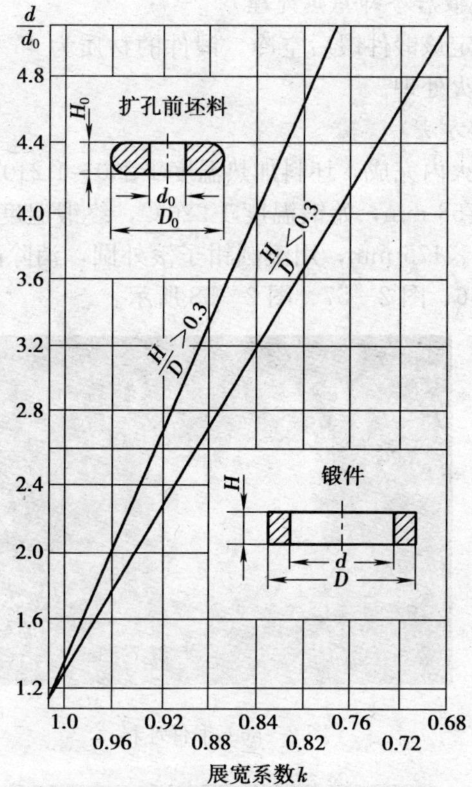

图 2—55　心轴扩孔增宽系数 k 选择图线

$$\frac{\pi 340^2}{4}\times 758=\frac{\pi D_{冲前}^2}{4}\times 175$$

经计算得 $D_{冲前}=707$ mm。

6. 确定设备与工具

根据锻件尺寸，该锻件需在 3 t 锤上锻造。一般冲孔直径为镦后坯料直径的 1/3 估算，冲孔直径 $d_0=\phi 707/3\approx\phi 236$ mm，取冲孔直径为 $\phi 250$ mm，选出能够穿入孔中的现有心轴，随着孔径的扩大再选用较大直径的心轴。

7. 确定锻后冷却与热处理

规范确定该锻件锻后空冷。锻件的材质为 45 钢，其热处理工艺选用正火处理。

8. 操作方法

（1）一火内完成，坯料加热温度 1 200～1 240℃。锻件坯料 ϕ340 mm×758 mm，始锻温度 1 220℃，终锻温度 700℃，镦粗至 ϕ707 mm×175 mm，用滚圆钳子滚外圆，消除凸肚，操作方法如图 2—56、图 2—57、图 2—58 所示。

图 2—56 锻件坯料

图 2—57 镦粗

图 2—58　滚圆

（2）双面冲孔，冲孔直径 ϕ250 mm，第一次冲孔深约 130 mm，翻转 180°，冲头对准孔位把芯料冲掉。冲头一定要放在坯料中心，操作方法如图 2—59、图 2—60 所示。

（3）将心轴穿入预先冲好孔的坯料中，并支撑在马架上，围

图 2—59　第一次冲孔

图 2—60　翻转 180°冲孔

绕坯料圆周进行锤击。心轴扩孔至内圆 ϕ450 mm 时，平整至 H=165 mm，扩孔（换粗心轴）至外圆 ϕ900 mm 时，再平整、扩孔至外圆 ϕ925～935 mm，操作方法如图 2—61 所示。

图 2—61　心轴扩孔

（4）修整平面、外圆，消除凸肚。冲头修整内圆，内、外圆尺寸控制在锻件下公差，操作方法如图 2—62、图 2—63 所示。

图 2—62　修整平面、外圆

图 2—63　修整内圆

（5）最后平整、校平，出成品，操作方法如图 2—64、图 2—65 所示。

9. 操作要领

（1）镦粗、冲孔工序中操作要领参照“饼块类锻件齿轮自由

图 2—64　平整脱模

图 2—65　成品

锻锻造操作示例”的操作要领。

（2）扩孔时坯料每次的转动量和压缩量应尽可能做到均匀一致，以保证壁厚均匀（必要时可用垫铁）。

（3）选择心轴时应保证其强度和锻件质量。随着锻件孔径的扩大，应换用直径较大的心轴，以保证扩孔质量。

10. 容易出现的问题及其解决方法

（1）锻件内壁出现折叠。解决方法：在扩孔前冲孔时，首先要选择好冲头的尺寸，其次冲头在两面的位置要放正，这样冲孔后孔的内壁就不会出现立刺，扩孔后的内壁也就不会出现折叠。

（2）扩孔时内壁出现梅花状压痕。解决方法：随着孔径的扩大，换用直径较大的心轴，最后可以使用直径为圆环内径 1/5～1/4 的心轴。

（3）法兰圈呈椭圆形。解决方法：增大心轴直径，使心轴直径约为法兰圈内径的 1/3，将法兰圈沿周向轻压一遍即可。

（4）法兰圈呈三角形。解决方法：准备一个稍小于法兰圈半径的 U 形模，将法兰圈立在上面，一边沿周向转动一边轻压，直至法兰圈被拢圆为止，也可以换用直径较大的心轴进行修整。

（5）壁厚不均匀。解决方法：在心轴上安置一块高度等于法兰圈厚度的垫铁。

模块八　自由锻造轴杆类锻件

一、轴杆类锻件工艺分析

这类锻件为实轴轴杆，轴向尺寸远远大于横截面尺寸，可以是直轴或阶梯轴，如传动轴、机车轴、轧辊、立柱、拉杆等，也可以是矩形、方形、工字形或其他形状截面的杆件，如连杆、摇杆、杠杆、推杆等。锻造轴杆类锻件的基本工序是拔长或镦粗、拔长；辅助工序和修整工序为倒棱、滚圆、校正等。

1. 拔长

使坯料横截面积减小而长度增加的锻造工序叫做拔长。拔长的目的是获得具有长轴线的锻件。

（1）拔长操作

1）拔长时经常使用的操作方法有以下 3 种：反复左右翻转 90°，如图 2—66a 所示；按左右螺旋方向翻转 90°，如图 2—66b 所示，它适用于高合金钢锻造；对大型坯料和钢锭，不能边锻造边翻转，要沿整个坯料的长度压完一排后再翻转，如图 2—66c 所示。

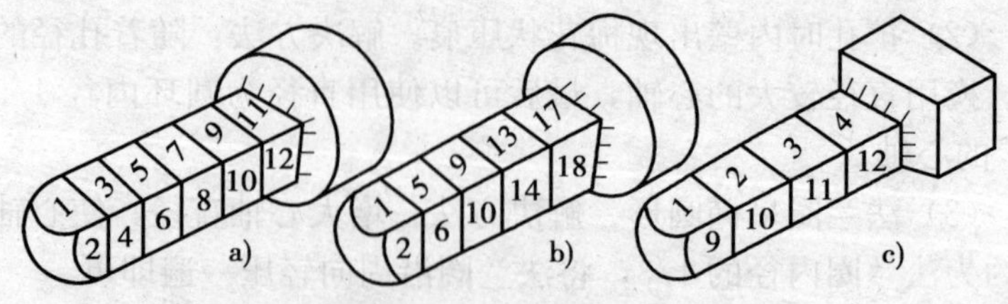

图 2—66　拔长的方法

2）在上、下平砧上将大坯料拔成小直径锻件时，应先拔成正方形或六角形截面，至接近锻件尺寸后再倒棱、滚圆，如图 2—67 所示。小型锻件倒棱后还可用摔子整形。表 2—9 为圆形变方形和方形变圆形的经验数据，可供参考。若采用 V 形砧拔长，可从大直径直接拔成小直径锻件。

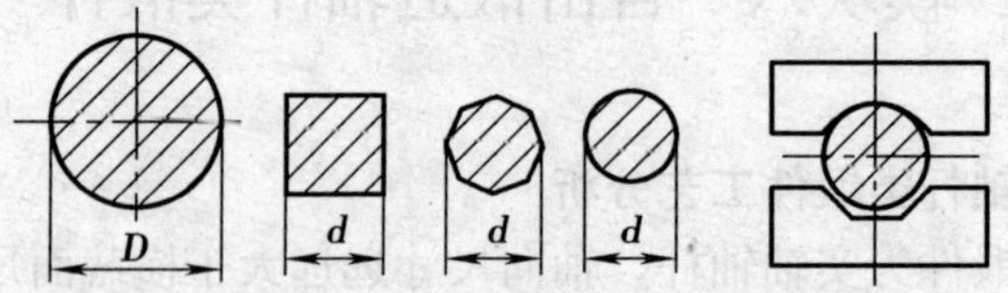

图 2—67　圆坯拔长时截面形状的变化过程

表 2—9　　圆形变方形和方形变圆形的经验数据

圆形变方形所需坯料最小截面尺寸	圆形坯直径尺寸	40	65	90	100	155	160	200	260	300	370	460	550
	可锻出最大方形坯边长	30	50	70	80	100	120	150	180	200	250	310	380
方形变圆形所需坯料最小截面尺寸	方形坯边长	50	75	95	115	150	190	240	290	335	380	435	480
	可锻出最大圆形坯直径	55	80	100	120	160	200	250	300	350	400	450	500

（2）拔长操作要领

1）拔长时需要不断翻转坯料，如图 2—68a、b 所示，人应站在夹钳的一侧。图 2—68c 所示的操作方法危险，应更换较大的夹钳，否则掌钳人正对钳把，若坯料突然掉落，钳把会将人碰伤造成事故。

2）对于短小坯料，应从端部开始拔长并不断向前推进。

3）拔长过程中，坯料宽度与厚度之比应小于 2～2.5，以免发生横向弯曲而造成折伤。

4）当用型锤拔长时，移位应放在相邻凸起部位。

5）对小圆轴拔长，应首先把坯料锻成方形截面，再当方形边长接近圆轴直径时倒棱成 8 边形，再倒棱成 16 边形，最后用摔子摔圆。

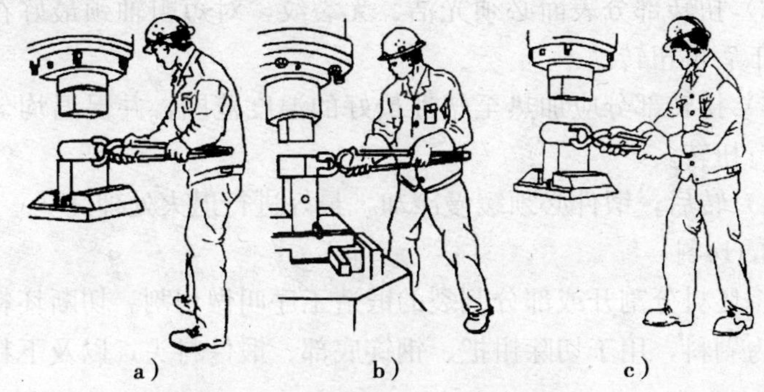

图 2—68　用锻锤拔长操作姿势

a）拔长起始动作　b）拔长操作　c）不正确的操作姿势

2. 扭转

使坯料的一部分相对于另一部分绕其共同的轴线旋转一定角度的锻造工序叫做扭转。它常用来锻造拐柄位于不同平面内的多拐曲轴和连杆锻件，也常用于矫正锻件。

（1）扭转的主要方法

1）扭转小锻件时，所需的扭转力矩较小，可把锻件压紧在上、下砧之间，用大锤打击扭转。

2）扭转大锻件（如曲轴）所需的扭转力矩较大，通常将一个曲柄压紧在上下砧之间，用扭拐夹叉夹住另一曲柄，借用吊车的拉力进行扭转。

（2）扭转操作要领

1）坯料除受扭转作用外，还受自重所引起的弯曲作用。为了防止被扭颈部的弯曲，可在曲轴的自由端下面垫上抵铁，用链条将其绑在抵铁上，如图 2—69 所示。

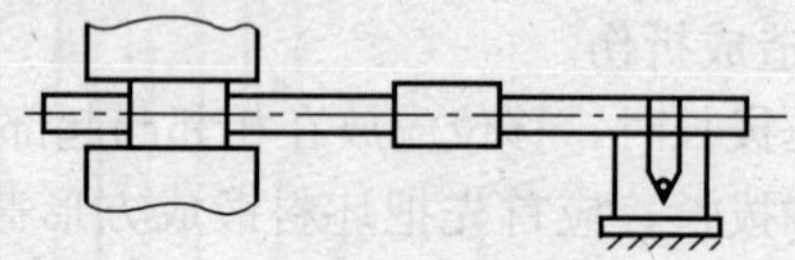

图 2—69　用抵铁防止扭转时弯曲

2）扭转部分表面必须光洁、无裂纹，对短粗轴颈最好在机械加工后再扭转。

3）扭转部分应加热至塑性最好的温度范围，并保温均匀后再进行扭转。

4）转后，锻件必须缓慢冷却，最好进行退火处理。

3. 切割

将坯料分割开或部分割裂的锻造工序叫做切割。切断坯料通常称为剁料，用于切除钳把、钢锭底部、锻件料头，以及下料等操作。

（1）剁刀或克棍与坯料必须保持垂直，剁刀和方垫的接触面应保持吻合，而且加方垫的数量不得超过两块。剁刀和克棍均不得有油污。

（2）切割时一定要将坯料放在砧子中间，不允许放在砧子边缘切割。锤击力量要适当，防止将料打飞伤人。

（3）切割操作中，料头飞出方向严禁站人。剁刀和方垫尾部不准正对着自己或他人，须放在身体侧面操作。

（4）剁料时第一锤要轻，当剁刀切入坯料后才能重击。即将切断时，锤击要轻，最后一锤在切断坯料的同时应压在已切断的坯料上，以免料头飞出伤人。

（5）切割后若端面留有毛刺，应用单面剁刀或克棍将其除掉，以防在以后锻造中形成折叠。

二、轴杆类传动轴自由锻锻造操作示例

1. 传动轴零件图

如图 2—1 所示，根据零件的最大直径和长度尺寸，属于锤上锻造范围。按照锻件材质与技术条件要求的力学性能，在锻后经正火加高温回火，即可达到力学性能要求。

2. 绘制锻件图

按照《锤上钢质自由锻件机械加工余量与公差　台阶轴类》（GB/T 15826.7—1995）标准，确定余量和简化锻件形状。将零件分成几段，并分别查表分析确定零件总长 L=3 263 mm，根据所查标准和计算得出的余量及公差，绘制锻件图，如图 2—2 所示。

3. 拟定锻造工序

（1）二火完成。工序为：第一火将坯料拔成圆棒→压肩→拔出一端，第二火加热后→压肩→拔出另一端→修整。必须注意，采用二火锻造工序时，第二火加热温度可分为两种，第一种是加热到锻造允许的最高温度，这样轴中间段和已锻出部分加热后而未产生锻造变形时，金属已发生严重过热。所以在金属热处理时，可增加高温正火工艺来改善金属内部晶粒度，保证传动轴的力学性能要求。第二种是按加热规范加热到 950～1 000℃，如图 2—70 所示。

（2）锻后冷却。根据锻件为 45 钢、最大截面为 ϕ291 mm 及坯料质量，可采用空冷。

（3）热处理。按照锻件力学性能要求，材质 45 钢，再结合锻造情况，一般采用正火加高温回火热处理工艺，如图 2—71 所示。

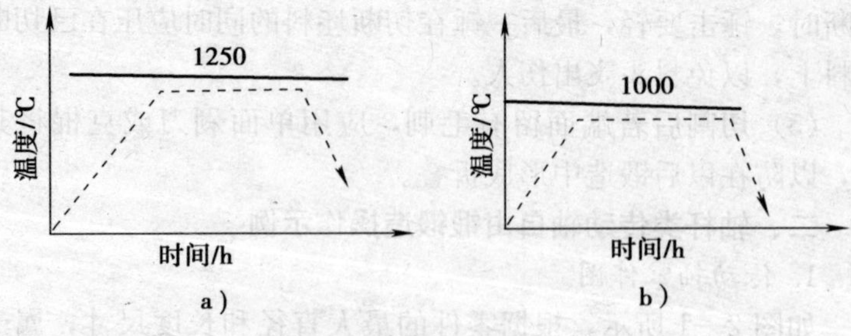

图 2—70 加热曲线

a）第一火加热曲线 b）第二火加热曲线

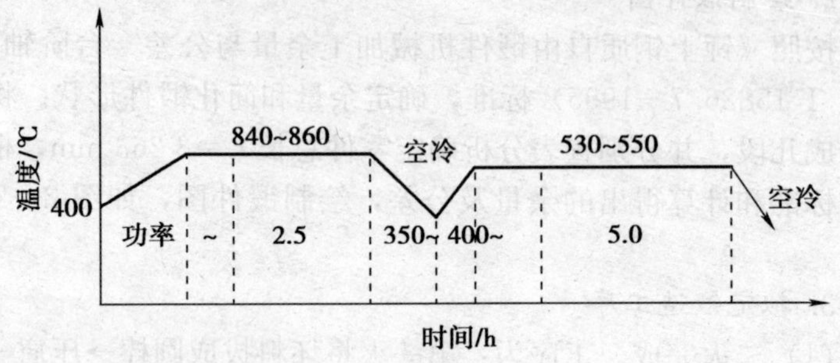

图 2—71 传动轴热处理工艺

4. 确定设备与工具

根据表 2—9 方形变圆形的经验数据经修整后选取，锻件方坯料尺寸 350 mm×350 mm×1 255 mm。按照坯料尺寸与锻件尺寸，参考锻锤锻造能力，选取在 5 000 kg 锻锤上锻造。因锻件数量不多，材质是塑性较好的 45 钢，因此，工具用上下平砧及普通的剁刀、三角压铁等。

5. 操作方法

（1）第一火坯料加热温度 1 200～1 240℃

1）拔长。考虑以后拔出二头轴颈时的拉缩现象，将坯料拔成 ϕ330 mm×1 755 mm 圆棒。

2）压肩。台阶高度大于 20 mm，这就要先压痕后压肩，压痕时，先轻轻压一圆周后，再压出单边压痕，三角剁刀切槽，轴两端压肩深度为 35 mm，中间尺寸 875 mm。

3）拔长一头。拔成 ϕ201 mm×793 mm。

4）端部拔长。拔成 ϕ171 mm×453 mm 后切去料头。

（2）第二火坯料加热温度 1 000℃左右

1）调头。拔长另一头，拔成 ϕ201 mm×793 mm。

2）端部拔长。拔成 ϕ171 mm×453 mm 后切去料头。

（3）修整

摔圆各挡外圆到锻件尺寸后校正。

6. 操作要领

（1）拔长开始时采用大送进量、大压下量锻造，但要以确保不出现折叠为准，接近直径尺寸 30 mm 余量时，采用小压下量拔长滚光。

（2）轴两端切肩时切肩深度保证齐正一致，并确保中间大台长度，分料时要合理。

（3）拔长 ϕ201 mm 和 ϕ171 mm 直径时，压下量要均匀，防止偏心，若出现偏心，应及时纠正。

7. 容易出现的问题和解决方法

（1）台阶处出现深痕。解决方法：压肩时控制好切肩深度，使切肩深度约为台阶高度的 2/3。

（2）锻造过程中轴心线偏离。解决方法：当轴心线偏离不太大时，将肩部偏低的一边朝下，但倾斜程度不要太大，用较小的送进量进行修整，直到合格为止。当轴心线偏离较大时，将肩部偏高的一边放在下砧上，杆部的上面和下面各放一块垫铁，使上面的垫铁略高于台阶高度，下面的垫铁略低于台阶高度，然后锤击，直至修整为止。

（3）拔长过程中出现折叠。解决方法：拔长时使坯料每次送进量 L 不小于单边压下量 $\Delta h/2$，使其比值 $2L/\Delta h$ 控制在 1～

1.5 范围之内。

8. 传动轴自由锻造变形工艺

传动轴自由锻造变形工艺见表 2—10。

表 2—10　　　　传动轴自由锻造变形工艺

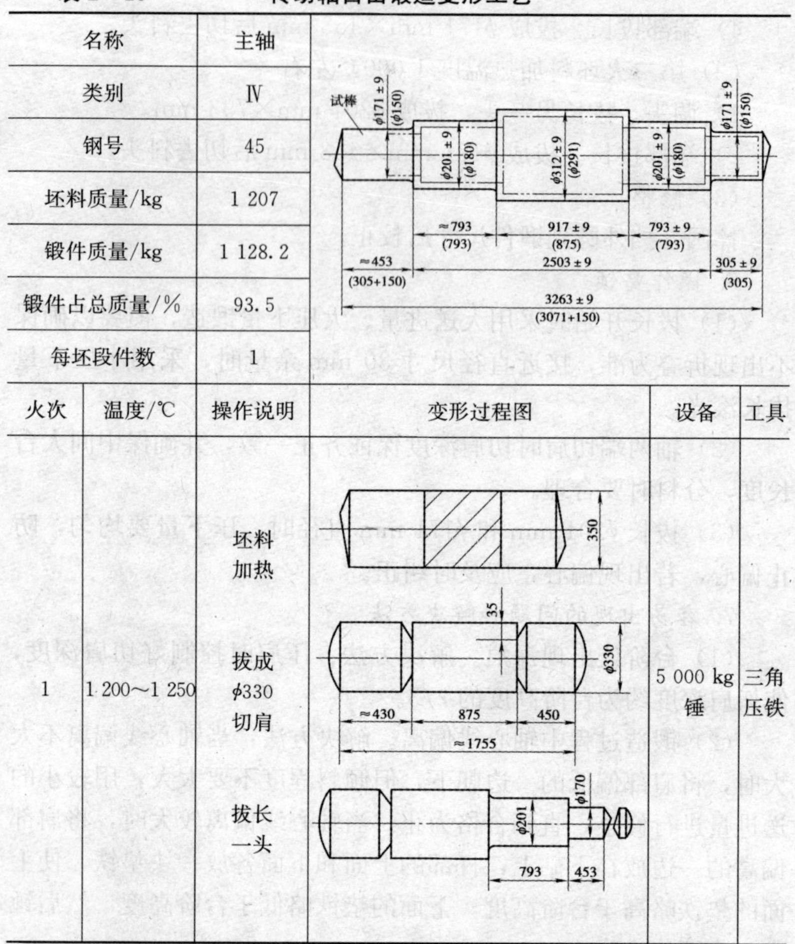

名称	主轴
类别	Ⅳ
钢号	45
坯料质量/kg	1 207
锻件质量/kg	1 128.2
锻件占总质量/%	93.5
每坯段件数	1

火次	温度/℃	操作说明	变形过程图	设备	工具
		坯料加热			
1	1 200～1 250	拔成 φ330 切肩		5 000 kg 锤	三角压铁
		拔长一头			

续表

2	1 000	拔长另一头修整到锻件尺寸	锻件尺寸	5 000 kg 锤	
编制		审核		批准	

第三单元　锤上模锻

培训目标

1. 掌握简单的零件图和锻件图。
2. 能识读锻模图。
3. 掌握蒸汽—空气模锻锤操作和维护保养。
4. 了解锤上模锻的工艺特点。
5. 掌握镦粗、拔长、滚挤、卡压、成形、弯曲等制坯工步。
6. 掌握预锻模膛与终锻模膛的结构区别及操作要求。
7. 掌握单模膛的操作方法。
8. 了解多模膛结构及分工步模锻操作方法。
9. 了解锤上模锻拉杆工步制定及操作方法。
10. 了解模锻中容易出现的问题和解决方法。

模块一　图样识读

设计锤上模锻的锻件图时必须综合考虑锻件的形状、生产批量、设备工艺条件、模具制造及工人操作水平等因素。现以拉杆零件图、锻件图为例，识读零件图、锻件图的视图表达、尺寸标注、零件结构等内容。

一、零件图识读

加工前，要根据零件图样想象出零件的结构形状，同时弄清零件的自然概况、尺寸类别、尺寸基准和技术要求等，以便在制造零件时，采用合理的加工方法。图 3—1 所示为拉杆零件图。

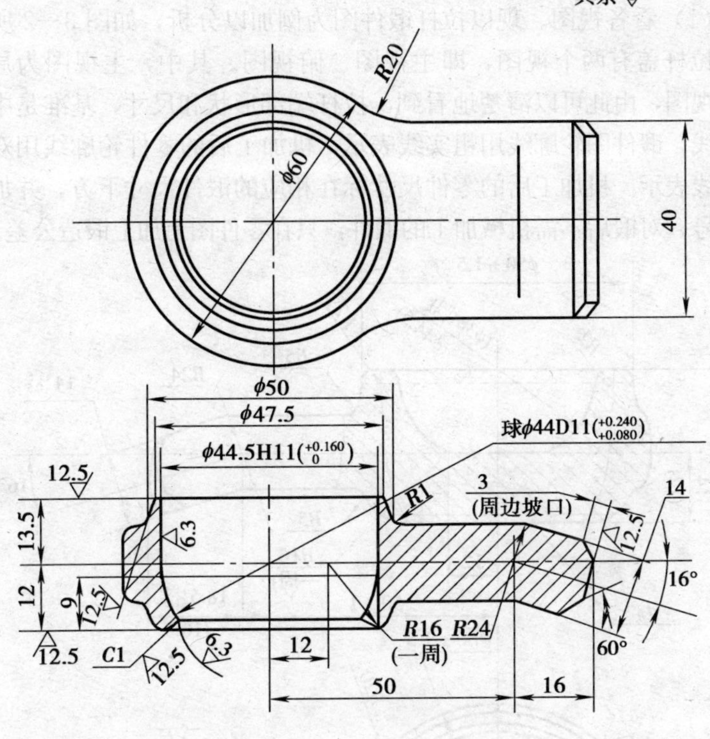

图 3—1　拉杆零件图

（1）看各视图。它由两个视图组成，主视图表达整个零件的外形，俯视图采用全剖视图表达整个零件的形状和尺寸。该零件为球手柄形状，左端有一个圆台，中间球面孔，右端是拉杆手柄。

（2）尺寸标注。拉杆零件图的设计基准是 ϕ44.5H11 孔的中心线。拉杆中心孔与拉杆手柄中心距为 50 mm，ϕ44.5H11 孔深 16.5 mm，球 ϕ44D11 深 9 mm，手柄断面 40 mm×14 mm，尺寸精度 11 级，其表面粗糙度 Ra 值要求不大于 6.3 μm，该件总长度为 96 mm，总高度尺寸为 25.5 mm，最宽处为 60 mm。

二、锻件图识读

（1）看各视图。现以拉杆锻件图为例加以分析，如图 3—2 所示，拉杆盖有两个视图，即主视图、俯视图。其中，主视图为局部剖视图，由此可以清楚地看到，拉杆端部形状和尺寸，基准是中心轴线，锻件图轮廓线用粗实线表示，机加工后的零件轮廓线用双点画线表示。机加工后的零件尺寸标在相应的锻件尺寸下方，并加小括号，对锻后不需机械加工的锻件，只在零件图上加上锻造公差。

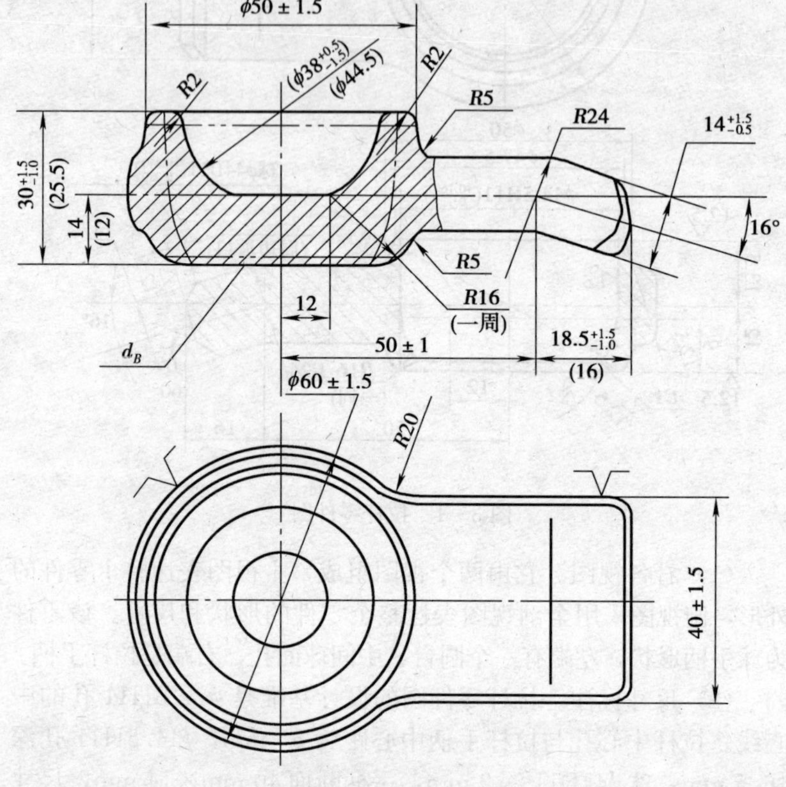

图 3—2　拉杆锻件图

（2）尺寸标注。拉杆锻件图的设计基准是 φ38 mm 孔的中心线。拉杆中心孔与拉杆手柄中心距为 50±1 mm，φ38 mm 孔深

16 mm，手柄断面 40 mm×14 mm，该件总长度为 98.5 mm，总高度尺寸为 30 mm，最宽处为 60 mm。

三、锻模图识读

拉杆锻模图如图 3—3 所示。由于此锻件有落差，而且锻件

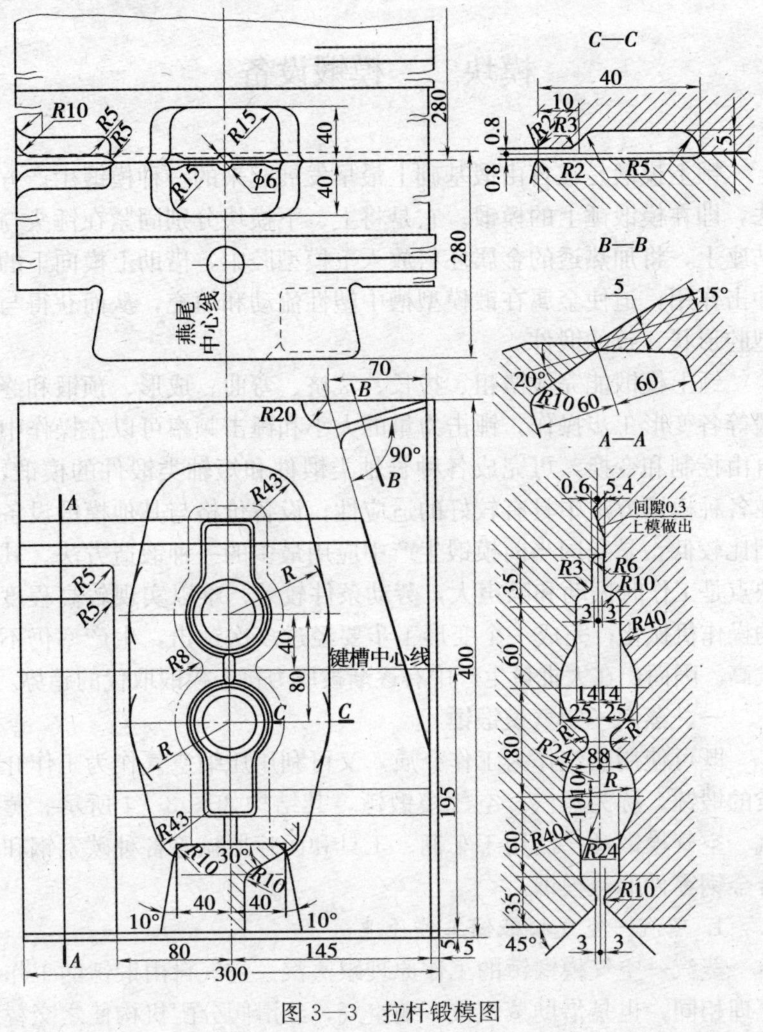

图 3—3　拉杆锻模图

较小，采取成对排列，利用异向水平错移力，自然抵消错移。其模膛中心在两锻件中心线的中间，此点与锻模中心重合。左边为开式滚压模膛。右后角为切断模膛，一棒料锻 4 件，锻两件切断后再锻另两件。

模块二　模锻设备

锤上模锻是在自由锻基础上最早发展起来的一种模锻生产方法，即在模锻锤上的模锻。它是将上、下模块分别固紧在锤头与砧座上，将加热透的金属坯料放入下模型腔中，借助上模向下的冲击作用，迫使金属在锻模型槽中塑性流动和填充，从而获得与型腔形状一致的锻件。

锤上模锻能完成镦粗、拔长、滚挤、弯曲、成形、预锻和终锻等各变形工步操作，锤击力量的大小和锤击频率可以在操作中自由控制和变换，可完成各种长轴类锻件和短轴类锻件的模锻，在各种模锻方法中具有较好的适应性；设备价格与其他模锻设备相比较低，是我国当前模锻生产中应用最多的一种锻造方法。其缺点是工作时振动和噪声大，劳动条件较差；难以实现较高程度的操作机械化；完成一个变形工步要经过多次锤击，生产率仍不太高。因而，在大批量生产中有逐渐被压力机上模锻取代的趋势。

一、蒸汽—空气模锻锤

既可使用蒸汽作为工作介质，又可利用压缩空气作为工作介质的锻锤，称为蒸汽—空气模锻锤，其结构如图 3—4 所示。蒸汽—空气模锻锤广泛用于车辆、工具和医疗器械等各种碳素钢和合金钢零件的热模锻。

1. 蒸汽—空气模锻锤工作原理

蒸汽—空气模锻锤的工作原理跟蒸汽—空气自由锻锤的工作原理相同，也是借助蒸汽或压缩空气，经滑阀分配机构使之交替进入汽缸内活塞的上部和下部，并带动锤头做上下往复运动，实现对金属坯料的锻造。

图 3—4　蒸汽—空气模锻锤

2. 蒸汽—空气模锻锤的使用规则

（1）工作前，应检查设备紧固件有无松动，操作系统是否灵活可靠，按规定加油润滑。

（2）工作前，打开进气阀门让锤头停在上行程终点位置，操作手柄或脚踏板使锤头上下摆动，检查运动部分是否灵活可靠，有无异常的声音，并保证汽缸各部位不漏气。

（3）工作前，预热锻模、锤头、锤杆，检查预热温度是否达到 150～250℃。

（4）工作中按工艺流程，在规定的锻造温度下依次在锻模各模腔中分轻、重打击，不可冷击锻模。不让氧化皮粘贴导轨。

（5）工作中如有异常的声音或发生故障，应立即停机检查修理，故障排除后方可继续操作。

（6）工作后放下锤头，关掉进气门，清扫场地，做好交接班记录。

3. 蒸汽—空气模锻锤的维护保养方法

（1）执行设备三级保养制度。每班做好日常的设备维护保养，设备累计运行 500 h 进行一次一级保养，累计运行 2 500 h 进行一次二级保养。

（2）做到“三好”（管好、用好、修好）“四会”（会使用、会保养、会检查、会排除故障），遵守“五项纪律”（凭操作证操作设备，遵守安全操作规程，保持设备整洁及润滑良好，遵守交接班制度和管好工模具，发现故障及时停机检查修理)。

(3) 维护设备的四项要求，即保证设备的“整齐、清洁、润滑、安全”。

(4) 保证设备正常运转的使用规程得到有效贯彻。

4. 蒸汽—空气模锻锤操作方法

模锻锤的操作是通过操纵机构控制的。操纵机构由月牙板、调节器、各杠杆及拉杆、脚踏板等组成。操作方法详见第二单元的自由锻造设备。

二、热模锻压力机

利用机械传动作为工作机构的压力机，称为机械压力机，在锻造生产中，常用的机械压力机有热模锻曲柄压力机，如图 3—5 所示。它依靠曲柄的转动，通过曲柄连杆使滑块做上、下往复运动，利用滑块发出的压力使毛坯产生塑性变形，以制成一定形状的锻件。电动机通过飞轮释放能量，因而滑块的压力基本上属于静压性质，工作时无振动和噪声。

a)

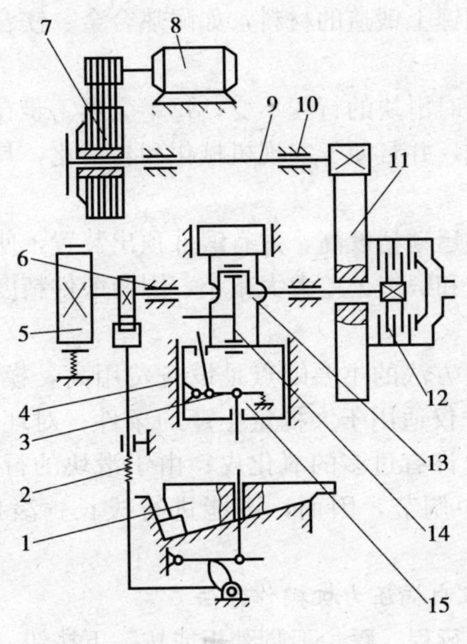

图 3—5　热模锻曲柄压力机

a）实物图　b）工作原理图

1—楔形工作台　2—下顶料装置　3—上顶料装置　4—导轨　5—制动器　6，10—轴承　7—带轮　8—电动机　9—传动轴　11—传动齿轮　12—离合器　13—偏心轴　14—连杆　15—滑块

1. 热模锻曲柄压力机工作原理

如图 3—5 所示，电动机通过齿轮传动带动偏心轴旋转，进而通过曲柄连杆机构带动滑块沿导轨做上下往复运动，进行锻压工作。锻模分别安装在滑块的下端和工作台上。

2. 热模锻曲柄压力机模锻特点

（1）作用于坯料上的锻造力是压力，不是冲击力，工作时振动和噪声小，劳动条件得到改善。

（2）坯料的变形速度较低。这对于低塑性材料的锻造有利，某些不适于在锤上锻造的材料，如耐热合金、镁合金等，可在压力机上锻造。

(3) 锻造时滑块的行程不变，每个变形工步在滑块的一次行程中即可完成，并且便于实现机械化和自动化，具有很高的生产率。

(4) 滑块运动精度高，并有锻件顶出装置，使锻件的模锻斜度、加工余量和锻造公差大大减小，因而锻件精度比锤上模锻件高。

这种模锻方法的主要缺点是设备费用高，模具结构也比锤上锻模复杂，仅适用于大批量生产的条件；对坯料的加热质量要求高，不允许有过多的氧化皮；由于滑块的行程和压力不能在锻造过程中调节，因而，不能进行拔长、滚挤等工步的操作。

3. 热模锻曲柄压力机操作方法

(1) 单次行程。踩一下脚踏板或按一下按钮，待滑块下降后即离开脚踏板或松开按钮，滑块便进行一次往复运动，由上极点(上死点) 到下极点 (下死点)。

(2) 自动行程。在踩下踏板或按下按钮后，滑块连续往复运动，当需要停止时，抬起踏板或松开按钮，滑块便停在上极点(上死点) 位置。

(3) 调整行程。点动踏板或按钮，使滑块做短距离运动，行程的大小根据需要由操作者控制。

模块三　锤上模锻工艺

模锻是模型锻造的简称。所谓模锻，就是把加热后的金属，放入固定于模锻设备上的锻模内，经过锻造迫使金属在模槽内产生塑性变形，直至充满模槽，从而得到所要求的形状和尺寸的模锻件，这种锻造方法称为模锻。模锻属于压力加工方法中的一种。在现代的金属加工工业中，它是用来制造机械零件和其他金属制件的先进方法之一，如图 3—6 所示。

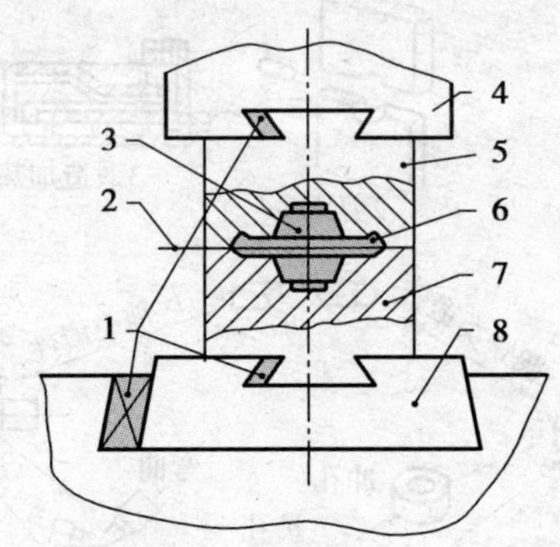

图 3—6　锤锻模结构

1—紧固楔铁　2—分模面　3—模腔　4—锤头

5—上模　6—飞边槽　7—下模　8—模垫

一、锤上模锻件分类及工艺特点

锤上模锻的工艺过程如图 3—7 所示。它是在自由锻、胎模锻基础上发展起来的一种锻造生产方法。这是因为锻锤与其他锻压设备相比，具有工艺适应性广、生产效率高、设备造价低的优点。模锻锤的打击能量还可在操作中调整，能实现轻重缓急打击。坯料在不同能量的多次锤击下，经过镦粗、打扁、拔长、滚压、弯曲、卡压、成形、预锻和终锻等各类工步，使坯料成形为各种形状的锻件。

1. 锤模锻件的分类

锤模锻件可分为圆饼类锻件和长轴类锻件，见表 3—1。

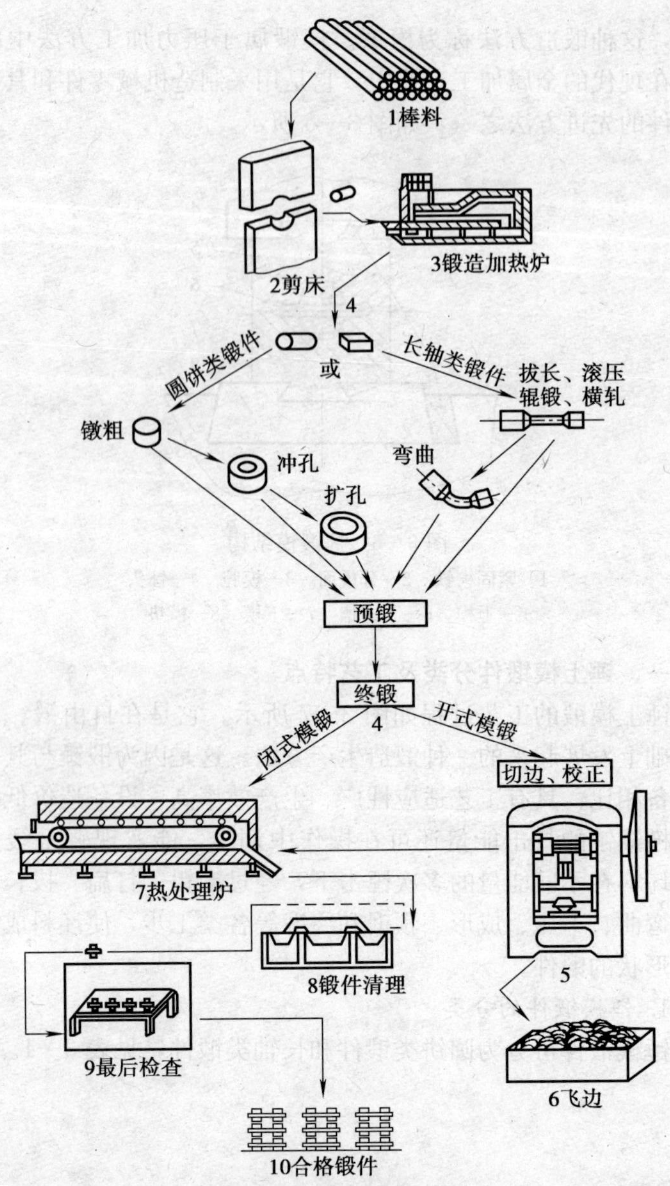

1棒料
2剪床
3锻造加热炉
4
圆饼类锻件
或
长轴类锻件
拔长、滚压
辊锻、横轧
镦粗
冲孔
扩孔
弯曲
预锻
终锻
4
闭式模锻
开式模锻
切边、校正
7热处理炉
5
8锻件清理
9最后检查
6飞边
10合格锻件

图 3—7　锤上模锻的工艺

表 3—1　　　　　　　　锻件分类

类型	组别	锻件简图
第一类 圆饼类锻件	简单形状	
	较复杂形状	
	复杂形状	
第二类 长轴类锻件	直长轴线	
	弯曲轴线	
	枝芽类	
	叉类	

(1）圆饼类锻件。锻件的主轴线尺寸较短，在分模面上锻件投影为圆形或长宽尺寸相差不大。模锻时，毛坯轴线方向与打击方向相同，金属沿高度、宽度和长度方向同时流动。终锻前通常利用镦粗平台或拍扁平台进行制坯，以保证锻件成形质量。

(2）长轴类锻件。锻件的长度与宽度或高度的尺寸比例较大。模锻时，毛坯轴线方向与打击方向相垂直，金属主要沿高度和宽度方向流动，沿长度方向流动很少。因此，这类锻件沿长度方向其截面变化较大时，必须考虑采用有效的制坯工步，如拔长、滚挤、弯曲、卡压、成形等，以保证锻件完整成形。

长轴类锻件品种多、形状复杂。根据锻件外形、主轴线、分模线的特征可将其分为四组。

1）直长轴类锻件。这类锻件的主轴线和分模线为直线状。制坯工步的选择要依据锻件沿长度方向截面变化情况而定，工艺上通常采用拔长或滚挤工步。

2）弯曲轴类锻件。这类锻件的主轴线与分模线，或两者之一呈曲（折）线状。工艺措施上除要求采用拔长或拔长加滚挤制坯外，还要加上弯曲或成形弯。

3）枝芽类锻件。这种锻件上通常带有凸出的枝芽状部分。终锻前除可能需要拔长或拔长加滚挤制坯外，为便于锻出枝芽，还应进行成形制坯或预锻。

4）叉类锻件。锻件头部呈叉状，杆部或长或短。杆部较短的叉形锻件，除需要拔长或拔长加滚挤制坯外，还得进行弯曲制坯。而杆部较长的叉形锻件，则不必弯曲制坯，只须采用预锻镗模中设劈料台的预锻工步。

2. 锤上模锻工艺特点

(1）金属在型槽中是在一定速度和打击能量下，经多次连续锤击而成形的。

(2）由于锤头的行程、打击速度或打击能量均可调节，能实现轻重缓急不同的打击，因而可进行制坯工作。

（3）由于惯性作用，金属在上模型槽中具有更好的充满效果。

（4）锤上模锻的适应性广，可生产多种类型的锻件，可以单槽模锻，也可以多槽模锻；既可单件模锻，也可多件模锻，还可进行一料多件的连续模锻。

（5）由于打击速度快，变形速度敏感的低塑性材料（如镁合金等）在锤上模锻，就不如压力机模锻的效果好。锤上模锻工艺的制定和设备吨位的选择，直接与锻件的形状和尺寸有关。因此，必须将模锻件进行分类。

3. 锤上模锻工序

锤上模锻工序是模锻件生产工艺过程中最关键的组成部分。锤上模锻工序包括三类工步。

（1）制坯工步。制坯工步的作用是改变毛坯的形状，合理分配坯料体积，以适应锻件横截面形状和尺寸的要求，使金属较好地充满模膛。包括镦粗、拔长、滚压、弯曲等工步。

1）镦粗工步。使坯料直径与锻件相接近，有利于锻件的成形，减少终锻锤击次数，提高模膛使用寿命，并能除去坯料侧表面上的氧化皮。图 3—8 所示为镦粗模结构。

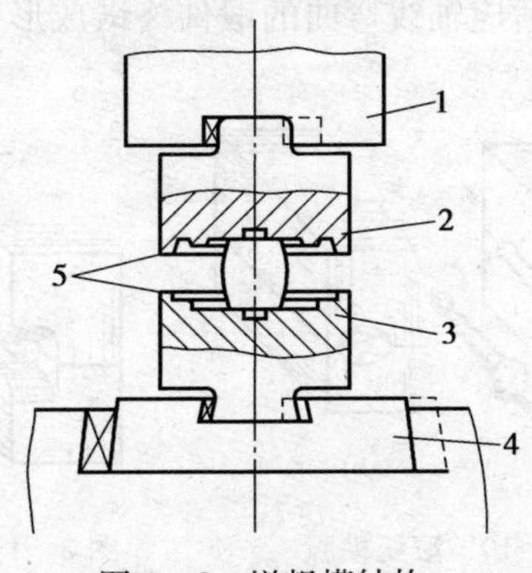

图 3—8　镦粗模结构

1—锤头　2—上模　3—下模　4—模垫　5—分模面

2）拔长工步。能减小坯料局部横截面面积，使坯料长度增加，从而使坯料的体积沿轴线重新分配。操作时坯料绕毛坯轴线做 90°翻转并沿轴线向模膛进给。拔长模膛分为开式和闭式两种，如图 3—9 所示。

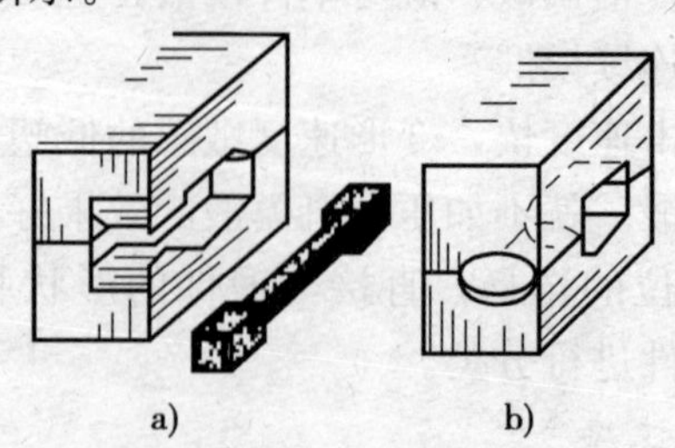

图 3—9 拔长模膛

a）开式 b）闭式

3）滚压工步。使坯料局部横截面增大，相邻部分减小，稍许增加坯料的长度。经过滚压后，坯料沿轴线准确分配体积，表面光滑圆浑。操作时坯料绕轴线做 90°翻转，主要是使金属坯料能够按模锻件的形状来分布。滚压模膛也分为开式和闭式两种，如图 3—10 所示。

4）弯曲工步。使坯料轴线弯曲，获得与锻件水平投影图形相近的形状，以适应轴线弯曲的锻件终锻成形要求，如图 3—11 所示。

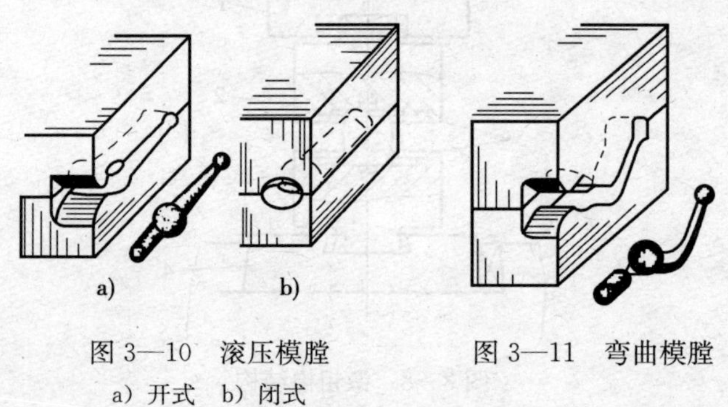

图 3—10 滚压模膛

a）开式 b）闭式

图 3—11 弯曲模膛

（2）模锻工步。包括预锻和终锻工步，其作用是使经制坯的坯料得到冷锻件图样所要求的形状和尺寸。每类锻件都需要终锻工步，而预锻工步根据具体情况决定是否采用。例如，模锻容易产生折叠和不要充满的锻件常采用预锻工步。

1）预锻。通过预锻获得与终锻接近的形状，有利终锻的充满，避免终锻产生折叠并提高终锻模膛使用寿命。

2）终锻。通过终锻获得最终的锻件形状，所有的锻件都必须经过终锻。终锻模膛周围有飞边槽，用以容纳多余的金属。

（3）切断工步。切断工步的作用主要是当采用一料多件模锻时，切断已锻好的锻件，以便能继续锻造下一个，或是用来切断钳口。如图 3—12 所示，可用于从坯料上切下锻件或从锻件上切钳口，也可用于多件锻造后分离成单个锻件。此外，还有成形模膛、镦粗台及击扁面等制坯模膛。

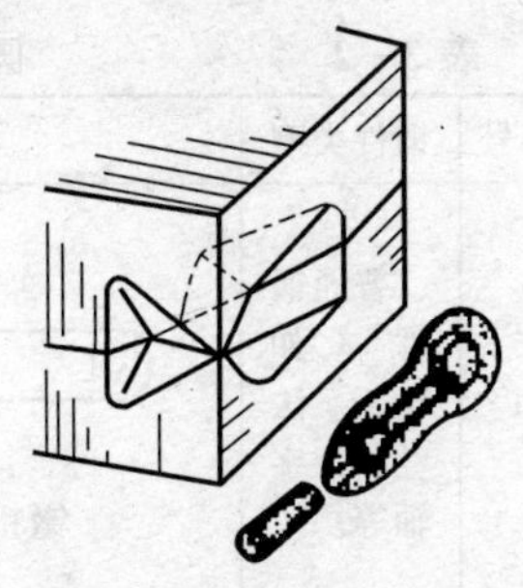

图 3—12　切断模膛

二、锤上模锻工步的选择

选择模锻工步的依据是：锻件的工艺特点，设备条件和生产条件，及工人的操作技术和操作习惯等。在考虑模锻工步时，应注意以下几个方面。

（1）有无近似锻件的模锻先例可以借鉴。

（2）有无使用更少的工步完成模锻的可能。

（3）对利弊兼而有之的工步如何取舍。怎样减少废料损失。

（4）能否减少废料在制坯过程中的调头次数。

（5）对于复杂形状的锻件，用联合模锻（两台模锻锤，自由锻锤和模锻锤、模锻锤和其他设备等）的可能性。

1. 圆饼类锻件的工步选择

圆饼类锻件的特点是坯料沿轴线方向镦粗成形，锻件的水平投影多呈均匀对称分布。圆饼类锻件一般采用镦粗制坯，形状复杂的宜采用成形镦粗制坯，其目的是避免终锻时产生折叠，以及去除氧化皮，从而提高锻件表面质量和模具的使用寿命。锻件直径较大，在一台锤上布置不下镦粗台时，可采用两台锻锤联合锻造。选择模锻工步时，按成形的难易程度将圆饼类锻件分为普通锻件、高轮毂深孔锻件及高筋薄壁复杂锻件三种，见表 3—2。

表 3—2　　圆饼类锻件模锻工步

序号	锻件类型	变形工步及简图	备注
1	普通锻件（如轮、法兰、十字轴等）	镦粗　终锻（$\phi180$）	在锻件的批量很少又不易出现折叠的情况下，可直接在终锻模膛中镦粗并终锻
2	高轮毂深孔锻件	镦粗　成形镦粗　终锻（A—A）	为了使坯料在终锻模膛内便于定位，有利于轮毂处充满，增加镦粗成形工步，预先锻出凹孔，翻转 180°后进行终锻
3	高筋薄壁复杂锻件	镦粗　预锻　终锻（$\phi170$）	为保证锻件充满模膛，及避免产生折叠，需改善金属的流动条件而采用预锻工步

2. 长轴类锻件的工步选择

长轴类锻件的特点是锻造时坯料轴线与锻锤的打击方向垂直，金属沿坯料轴线流动。选择模锻工步时，按锻件的成形特点将长轴类锻件分为较短的锻件、直长轴锻件、枝芽类锻件、叉类锻件、有工字筋的锻件、弯曲轴线锻件等。不同类别的长轴类锻件工步选择实例见表 3—3。

表 3—3　长轴类锻件工步选择实例

序号	类别	变形工步及简图	说明
1	较短的锻件	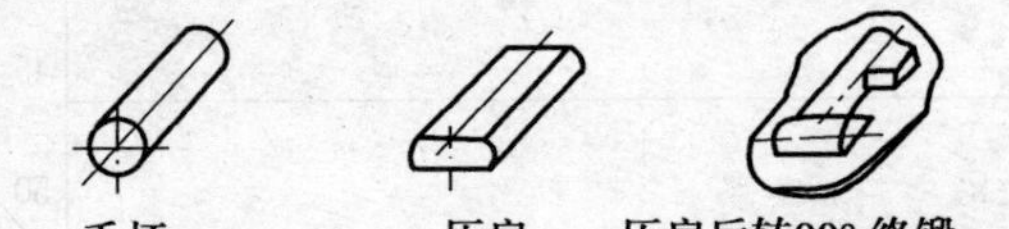 毛坯　压扁　压扁后转90° 终锻	锻件截面变化不大，毛坯长度与锻件长度相近
2	较短的锻件	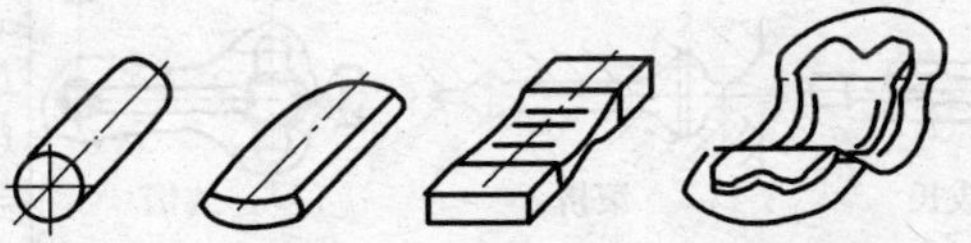 毛坯　压偏　压肩(卡压)　压肩后平移终锻	锻件扁平，宽度较大
3	较短的锻件	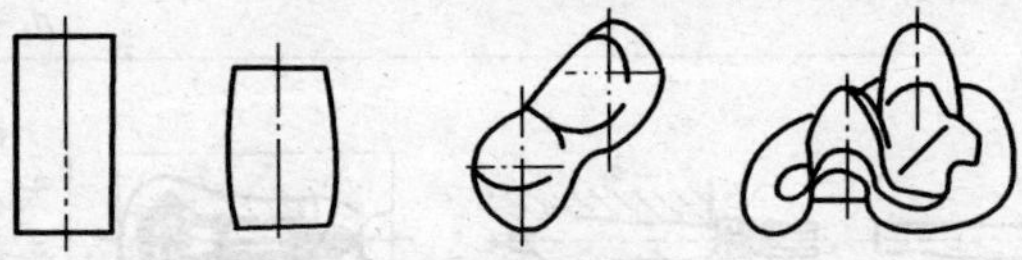 毛坯　镦粗　压肩(卡压)　终锻	截面变化较大的汽车凸缘叉类锻件
4	较短的锻件	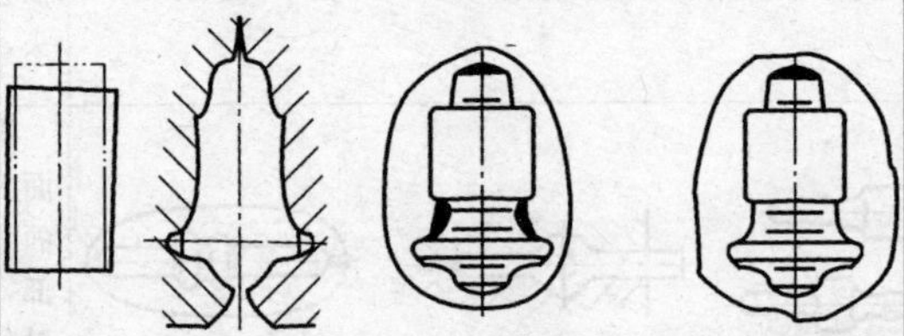 镦粗　压肩(卡压)　压肩(卡压)后翻转90° 预锻　终锻	锻件的法兰部分直径大、厚度小，采用预锻改善金属流动条件，有助于终锻充满

续表

序号	类别	变形工步及简图	说明
5	直长轴锻件	滚挤　终锻	锻件长度与毛坯长度（不计钳夹头）之差不大于下列数值时，可只用滚挤，不需拔长： 1～2 t 锤：20～35 mm 3 t 锤：35～45 mm 5 t 锤：45～50 mm 也可按下式确定，符合下式时可不拔长： $L_d - L_p < (0.7 \sim 0.8)\ d_p$ 式中 L_d——锻件长度 L_p——毛坯长度 d_p——毛坯直径
6		拔长　滚挤　终锻	
7		拔长　调头滚挤　终锻	锻件有明显大小头之分，头部较大，毛坯较短，此例工艺不用钳夹头，节省材料
8		拔长及调头拔长　滚挤　终锻	锻件中部截面大，两端截面小构成杆部，设计时尽量使一个拔长模膛可用于两端的拔长

续表

序号	类别	变形工步及简图	说明
9	直长轴锻件	拔长　调头滚挤　终锻	锻件虽两端都有杆部，但其一较短，调头滚挤时小头也作延伸
10	枝芽类锻件	拔长　不对称滚挤　A　A　预锻和终锻　A—A	带枝芽的锻件往往采用不对称滚挤，并且一般均有预锻
11	枝芽类锻件	拔长　调头拔长　滚挤　成形　预锻和终锻	该锻件较复杂，枝芽较长，采用了滚挤及成形工步
12	叉类锻件	毛坯　拔长　预锻　终锻	采用了拔长制坯，预锻模膛叉口内带劈料台
13	叉类锻件	毛坯　压肩(卡压)　预锻　终锻	锻件叉部与杆部连接处截面较大，采用了压肩工步，有时也可用压扁代替压肩

续表

序号	类别	变形工步及简图	说明
14	叉类锻件	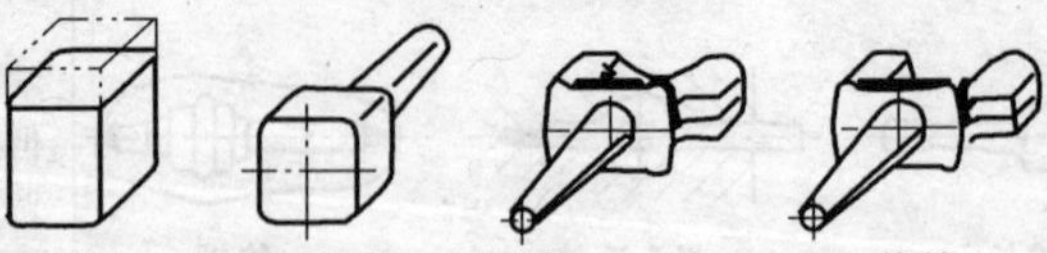 镦粗　拔长杆部　预锻(叉口劈开)　终锻	转向节杆部截面小，需拔长杆部，调头预锻，翻转180°终锻
15	叉类锻件	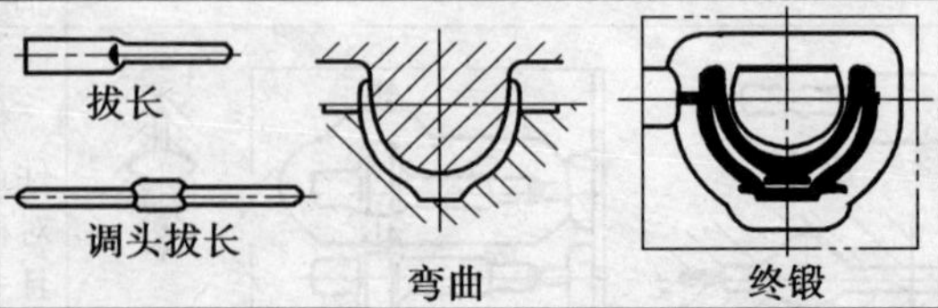 拔长　调头拔长　弯曲　终锻	叉口宽而敞开，杆部短，弯曲工步制坯，不用预锻劈料
16	有工字筋的锻件	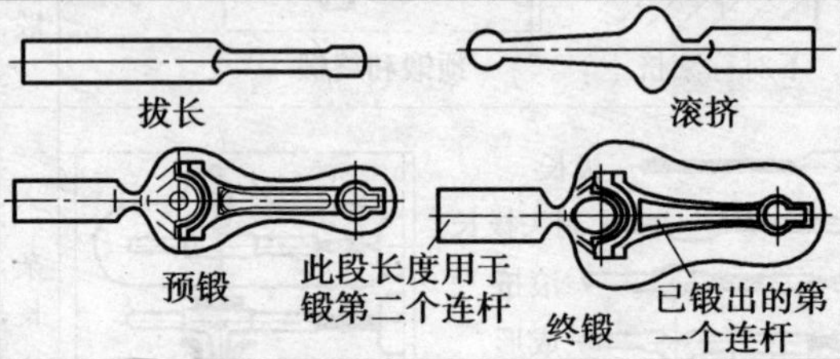 拔长　滚挤　预锻　此段长度用于锻第二个连杆　终锻　已锻出的第一个连杆	连杆类锻件常采用拔长、滚挤、预锻、终锻，为了省去钳夹头，常采用调头模锻
17	弯曲轴线锻件	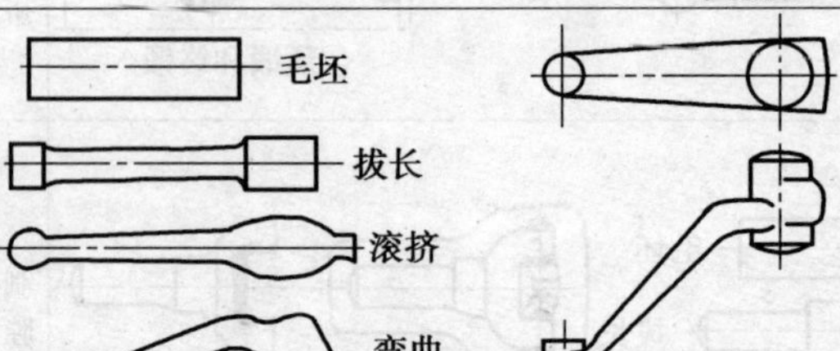 毛坯　拔长　滚挤　弯曲　终锻	根据弯度大小可采用弯曲或成形工步，根据截面变化大小可增加拔长、滚挤工步
18	弯曲轴线锻件	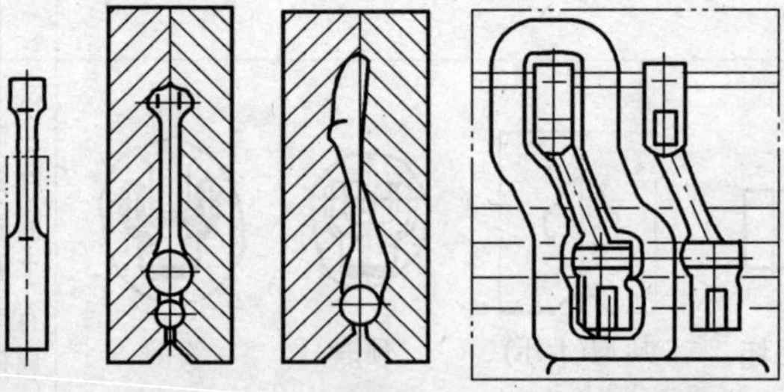 拔长　滚挤　弯曲　预锻、终锻	该锻件为空间弯曲的复杂锻件，采用拔长、滚挤、弯曲、预锻、终锻五个工步

三、锤上模锻的锻模结构

锤上模锻的锻模由上锻模和下锻模两部分组成，分别安装在锤头和模垫上，工作时上锻模随锤头一起上下运动。上模向下扣合时，对模膛中的坯料进行冲击，使之充满整个模膛，从而得到所需锻件。按模膛在锻模中的个数，锻模分为单膛锻模和多膛锻模。

1. 单膛锻模

单模膛是指锤锻模上只设有终锻模膛一个模膛的简单锻模，如图 3—6 所示。

(1) 单膛锻模结构工艺

1) 锻模圆角。为便于金属在模膛内流动及增加锻模强度，模膛内所有拐角都必须是圆角。

2) 锻模斜度。为便于锻件从模膛内取出，模膛内在垂直于拔模方向上的壁必须有斜度，其中锻件的内壁斜角要比外壁斜角稍大。

3) 飞边槽。为了使金属充满整个模膛，坯料体积常常大于模膛空积。为了容纳坯料充满模膛后的多余金属，模膛周围须开设飞边槽。若无飞边槽，锻模易损坏。

4) 冲孔连皮。对于具有通孔的模锻件，由于不可能依靠模膛内的上下冲芯将金属压透，模锻件的孔内总有一层冲孔连皮，因此，在设计上下冲芯的高度时，不能使其在合模时上下接触。模锻后留下的冲孔连皮在其后的冲孔工序中去除。

5) 收缩量。模膛尺寸要比锻件大一个收缩量。

(2) 单模膛的操作

1) 棒料直接模锻成型的操作。棒料直接在终锻模膛成型，操作时注意：料要尽量放正，不偏心；开始的一击要轻击，吹去氧化皮，加上润滑油；然后重击，使锻件充填良好，最后一击可适当轻击，以利取出锻件，直到上下模打靠为止。

2) 带镦粗台的操作。当采用小规格棒料，锻造大尺寸的齿轮、凸缘等回转体形状锻件时，需在终锻之前将坯料在镦粗台上镦粗。镦粗台位于锻模的一角。操作时，先将坯料垂直放正在镦粗台上，轻击一锤，再继续锤击至坯料直径接近于锻件外径，吹去氧化皮，放入终锻模膛成型。

3）带压扁台的操作。对于扁而宽的锻件在成型前先进行压扁，料被压宽，有利于终锻时定位，减少终锻锤击次数。压扁后的坯料，放进终锻模膛成型。

2. 多膛锻模

有些锻件形状复杂，不能一步模锻成型，须分工步模锻，将多工步模膛安排在一个锻模内，便成为多膛锻模，如图 3—13 所示。

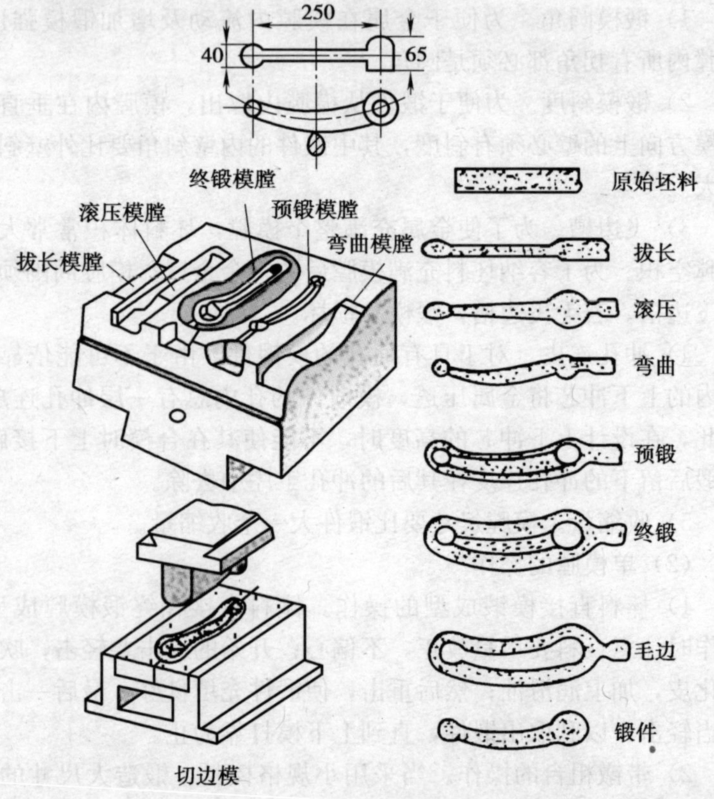

图 3—13 多膛锻模

(1) 多模膛结构。多模膛是指两个模膛以上的锻模，例如，135 型柴油机连杆，锤上锻模设有 5 个模膛：拔长、滚压、弯曲、预锻、终锻成型。

(2) 多模膛操作

1) 压肩模膛。金属轴向流动不大，坯料局部截面变小，操作时，一般只将坯料打击一下，平移到终锻模膛成型。压肩与压扁是区别是：压肩后坯料轴向的横截面稍有变化，压扁后轴向横截面是等截面。

2) 拔长模膛。操作时类似于自由锻拔长，坯料在拔长台上连续锤击，同时坯料翻转并轴向移动，拔到料的长度接近于拔长模膛模腔后壁为止。

3) 滚压模膛。操作时坯料不断翻转、锤击，每打击一次，坯料转 90°，多数打击 3～4 下即可。

4) 弯曲模膛。操作时，坯料只在弯曲模膛中打击一下，放坯料时，模膛中设有定位处。弯曲后的坯料，其平面形状接近于锻件的平面形状。弯曲后的坯料必须转 90°后放进预锻模膛或终锻模膛。

5) 成型模膛。类似于弯曲模膛，只击一下，不同之处是成型模膛坯料轴线不弯曲，仅外形变得接近于锻件平面形状。成型模膛打击一下后，坯料翻转 90°。

6) 预锻模膛。预锻模膛不开飞边槽，各处的圆角半径大于终锻模膛相应处的圆角半径。预锻模膛不必让上下模打靠，飞边较小，预锻后，平移或翻身放入终锻模膛。

7) 终锻模膛。操作方法与单模膛终锻模膛相同。

模块四　锤上模锻操作

一、锤上模锻拉杆实例

1. 锻件图

拉杆零件如图 3—1 所示。材料：40Cr 钢。

拉杆锻件如图 3—2 所示。

其技术条件如下：

（1）未注模锻斜度 7°，圆角半径 $R3$ mm

1）模锻斜度。为了使锻件易于出模，在锻件出模方向设有斜度，称为锻件的模锻斜度，或称拔模斜度。显然，锻件斜度越大，出模越容易。但是增大斜度会增加金属的消耗，所以在保证锻件能顺利出模的前提下，应尽量减小模锻斜度。一般外模锻斜度 α 为 5°、7°、10°，常取 7°；内模锻斜度 β 为 7°、10°、12°，常取 10°。

2）圆角半径。为了使金属在模膛内易于流动，防止锻件产生夹层，提高模具的使用寿命，锻模垂直剖面上交角处均制有圆角，相应地在锻件上形成圆角，称为圆角半径。圆角半径常取以下系列：1 mm、2 mm、3 mm、5 mm、8 mm、10 mm 等。当用镦粗法成型时，由于金属易于充满模膛，外圆角半径可以选取得小一些；若用挤压法成型时，金属难于充满模膛，外圆角半径可以选取得大一些。金属流动剧烈部位，为了避免形成夹层等缺陷，内圆角半径 R 应适当增大。

（2）锻件表面缺陷深度。在模锻生产过程中，由于各种原因造成锻件某些缺陷。为了保证生产出合格的锻件，必须分析锻件缺陷的产生原因，从而采取切实有效的措施，降低锻件的废品率，提高锻件的质量。

1）不加工表面不大于 1 mm。

2）加工表面不大于实际余量的1/2。

（3）错差不大于0.8 mm。

（4）热处理：调质268～289HB。

2. 操作方法

（1）下料。剪切下料在500 t剪切机上进行，下料尺寸ϕ40 mm×430 mm（锻4件），保证剪切端面平整。

（2）加热。半连续式加热炉，料温1 200℃，按加热规范进行，始锻温度1 200℃，终锻温度800℃。

（3）滚压。锻件在锻模的滚压模膛中进行滚压工步，用它来减小坯料某部分的横截面积，以增大另一部分的横截面积，操作时先轻打几下，随打随翻转90°，最后重打一下再翻转90°后移入下一模膛，并勤吹氧化皮。

（4）预锻。对于外形较为复杂的锻件，常采用预锻工步，使坯料先变形到接近锻件的外形与尺寸，再将滚压后的锻件在预锻模膛内预锻，开始时注意轻击，以后逐渐加重，通过预锻获得与终锻接近的形状，有利终锻的充满，避免终锻产生折叠并提高终锻模膛使用寿命。

（5）终锻。锻件预锻后，平移或翻身放入终锻模膛，在终锻模膛内终锻，终锻时一定要重击，避免飞边过厚而造成切边时拉伤锻件，操作中注意锻件充满情况，勤吹氧化皮，注意润滑模具，保证锻件成型。

（6）切断。因一棒料锻4件，锻两件切断后再锻另两件。切断已锻好的锻件，以便能继续锻造下一个，在锻模切断模膛将锻好的锻件连同飞边切下。

（7）切边。冷态下切边，安装和调整好切边模，使冲头和凹模之间的间隙均匀，将带飞边的锻件放入切边凹模进行切边前，摆放一定要平、正。

（8）冷校正。在专用校正模内校正，打击力量不能过大，以防止压伤锻件，使锻件达到图样要求。

3. 操作要领

（1）认真安装、调整好锻模，将检验角对齐，固定好上、下模块后开动锻锤，轻击 1～2 次，仔细检查检验角是否对齐。首件锻出后，检查锻件的错模量，如发现问题，应继续调整、试锻，直至符合要求后方可正式投入生产。此外，对锻模和锤杆预热时，应避免红铁直接与模具接触，应用预热器预热，以确保模具预热均匀。

（2）终锻过程中，应随时吹去模膛内的氧化皮，并勤检查锻件质量，发现错差及时调整。

（3）切边时调整好冲头与凹模的间隙，摆放时一定要平、正。

4. 容易出现的问题和解决方法

（1）该件是在 1 t 模锻锤上模锻的，模具上设有镦粗平台，毛坯高度一定要合适。镦粗时高度不能太低，以能平稳放入模膛为原则，否则不易充满模膛。

（2）该锻件锻造时，高度易超差，故终锻时一定注意要重击，且随时吹去氧化皮。

（3）在锻造过程中注意及时冷却、润滑模具，否则易于粘模，从而降低模具使用寿命。

（4）校正时注意要轻击。

在模锻生产过程中，由于各种原因造成锻件某些缺陷。为了保证生产出合格的锻件，必须分析锻件缺陷的产生原因，从而采取切实有效的措施，降低锻件的废品率，提高锻件的质量。

第四单元　胎模锻造

培训目标

1. 了解胎模锻件图的基本要求。
2. 了解胎模结构。
3. 掌握切边、冲孔的工艺特点。
4. 了解胎模锻造特点。
5. 掌握胎模的用途。
6. 掌握胎模的操作和维护。
7. 掌握齿轮锻件胎模锻工艺。
8. 掌握法兰轴类锻件胎模锻工艺。
9. 掌握齿轮锻件胎模锻操作方法。
10. 了解胎模锻中容易出现的问题和解决方法。

模块一　图样识读

胎模锻的锻件图的设计原理与锤上模锻基本相同，但由于胎模锻的锻件形状、生产批量、设备工艺条件、模具结构等与锤上模锻不尽相同，胎模锻的锻件图和锤上模锻的锻件图也不完全相同，下面先介绍胎模锻锻件图基本知识。

一、锻件分模面的选定

胎模一般由上、下模腔组成，它们之间的结合面称为分模面。

(1) 开式套筒模（垫模）锻造，分模面应选择在锻件截面的最上部，即金属最后充满之处。

（2）闭式套筒模锻造，因上、下模无固定的结合，故不存在分模面。

（3）合模锻造，分模面应选定在锻件最大水平截面的中部，如图 4—1 所示。

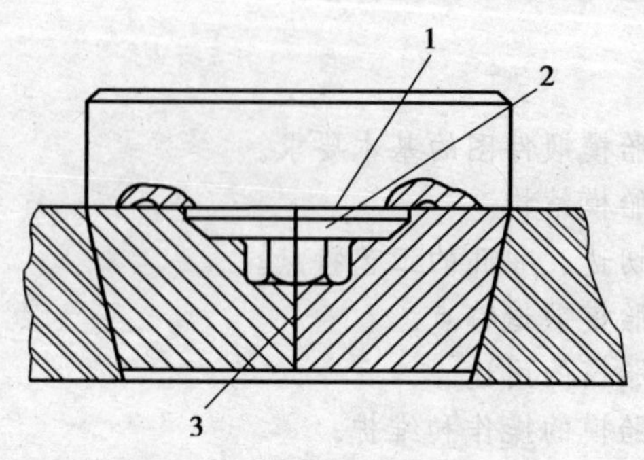

图 4—1　两个分模面的胎模

1—横向分模　2—锻件　3—纵向分模

二、胎模锻工艺参数

（1）余块。增加余块的部位主要是一些小孔、凹槽和较小的台阶等。余块的大小主要决定于锻件形状、尺寸、生产批量、锻造方法及锻造技术水平，一般根据经验确定。

（2）模锻斜度。为了使锻件易于出模，胎模在锻件出模方向设有斜度，称为胎模锻件的模锻斜度，或称拔模斜度。见表 4—1。一般取为 1°，2°，3°，5°，7°，10°等。

（3）冲孔连皮。当锻件孔径大于 30 mm 时，可在锻件上设计带有连皮的孔，然后再用冲孔模将其冲掉。当孔径大于 100 mm 时，为了降低所需设备的吨位，一般先用自由锻冲孔（扩孔），再用胎模成型。当孔径小于 30 mm 时，一般不做连皮孔。胎模锻件的通孔一般采用平底连皮和端面连皮两种形式，如图 4—2 所示。

表 4—1　　胎模锻件拔模斜度

<table>
<tr><th>胎模类型</th><th>锻件简图</th><th>模锻斜度</th></tr>
<tr><td>摔模</td><td></td><td>同合模，一般 α 不小于 7°，α' 不小于 10°</td></tr>
<tr><td>套模</td><td>开式(垫模)</td><td>①靠翻转模具，用垫环顶出锻件部分的斜度：
<table>
<tr><td>α_1</td><td>0°，0.5°，1°，1.5°</td></tr>
<tr><td>α_2</td><td>1°，1.5°，2°，3°</td></tr>
</table>
②不用垫环顶出锻件的斜度：
<table>
<tr><td>α_1</td><td>5°，7°，10°</td></tr>
<tr><td>α_2</td><td>7°，10°</td></tr>
</table></td></tr>
<tr><td>合模</td><td></td><td>
<table>
<tr><td>h/b \ L/b</td><td><1</td><td>1～3</td><td>3～4.5</td><td>4.5～6.5</td></tr>
<tr><td><1.5</td><td>5°</td><td>7°</td><td>10°</td><td>12°</td></tr>
<tr><td>>1.5</td><td>3°</td><td>5°</td><td>7°</td><td>10°</td></tr>
</table>
外壁斜度 α 按表列数值选取；内壁斜度应较相应部位的外壁斜度增大一级</td></tr>
</table>

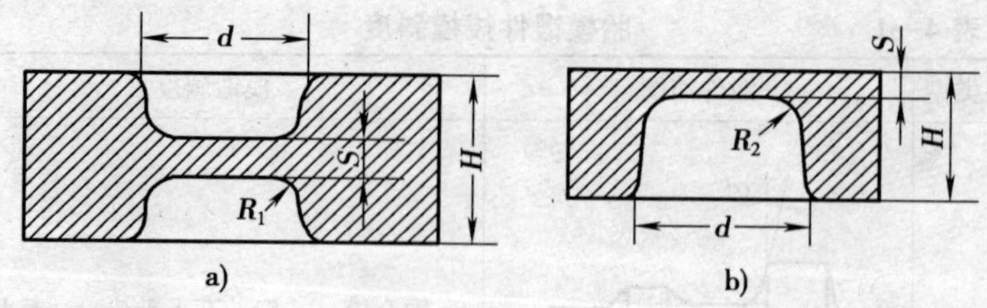

图 4—2　冲孔连皮

a）平底连皮　b）端面连皮

三、胎模图

根据胎模的结构形式和金属的变形特点，胎模锻大致可分为制坯、成型和修整三类。

（1）制坯模。制坯主要采用摔模、扣模和弯曲模，目的是使坯料的材料分布符合锻件形状的要求，如图 4—3 所示。

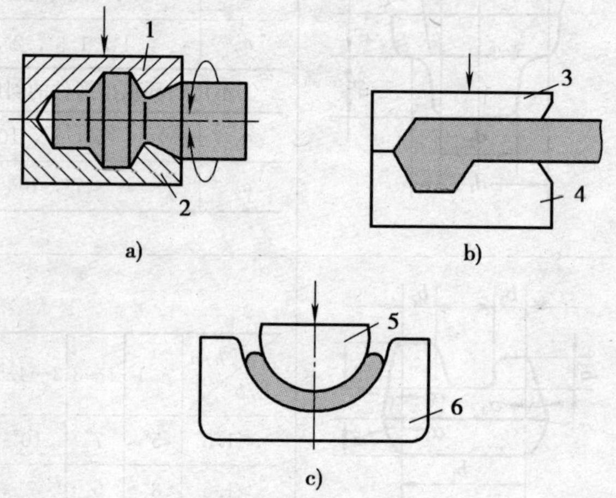

图 4—3　制坯模

a）摔模　b）扣模　c）弯曲模

1—上摔　2—下摔　3—上扣　4—下扣　5—上模　6—下模

（2）成型模。成型主要采用垫模、套筒模和合模等成型模，目的是获得锻件的最终形状，如图 4—4 所示。

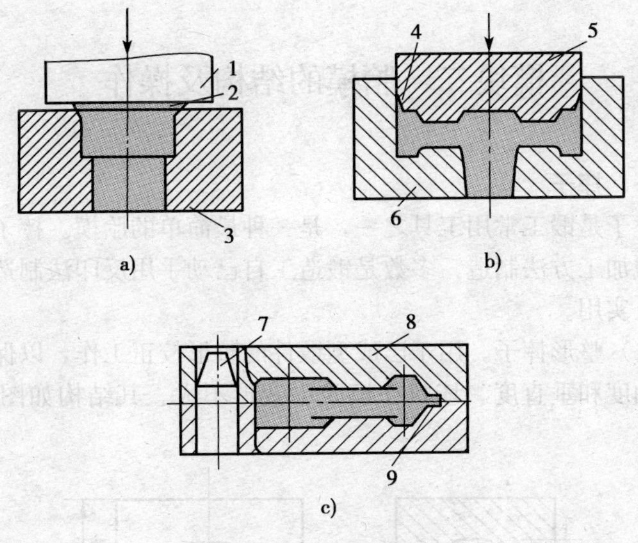

图 4—4　成型模

a）垫模　b）套筒模　c）合模

1—上砧　2—小飞边　3—垫模　4—纵向毛刺　5—冲头

6—模套　7—导销　8—上模　9—飞边

（3）修整模。修整是对锻件进行校正、切边、冲孔或压印等工序，如图 4—5 所示。

图 4—5　修整模

a）冲孔模　b）切边模

1—冲头　2—飞边　3—凹模

模块二　胎模的结构及操作

一、摔子

摔子是锻工常用工具之一，是一种最简单的胎模。摔子很少用机械加工方法制造，多数是锻造工自己动手用反印法制造，既方便又实用。

（1）整形摔子。用于已成型锻件的整形校正工作，以保证锻件同轴度和垂直度。坯料在模膛中变形不大。其结构如图 4—6 所示。

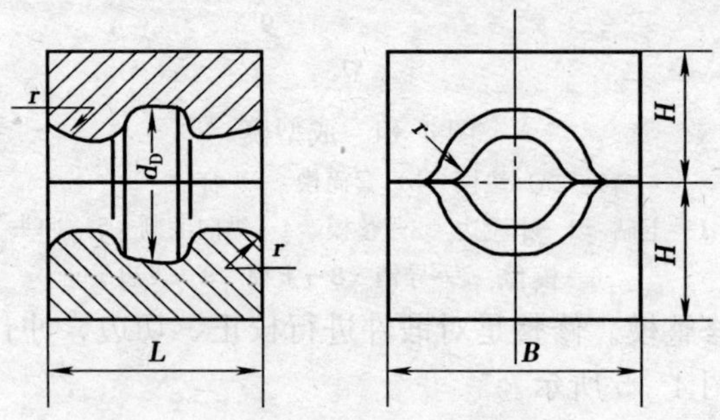

图 4—6　整形摔子

（2）制坯摔子。用于滚摔制坯工作。坯料在模膛中变形较大，摔子的口部是关键部位，为了防止“夹肉”、卡模现象产生，口部都用圆弧过渡。对于变形量大的制坯摔子，横断面不应做成圆形，而应做成椭圆形，其结构如图 4—7 所示。

（3）摔子的操作及维护

1）将热坯料在摔子内反复转动，直到上下摔子打靠为止。

2）摔子与摔子柄部焊接要牢固，如果摔子变形严重应修理或报废，摔子用后应定点堆放。

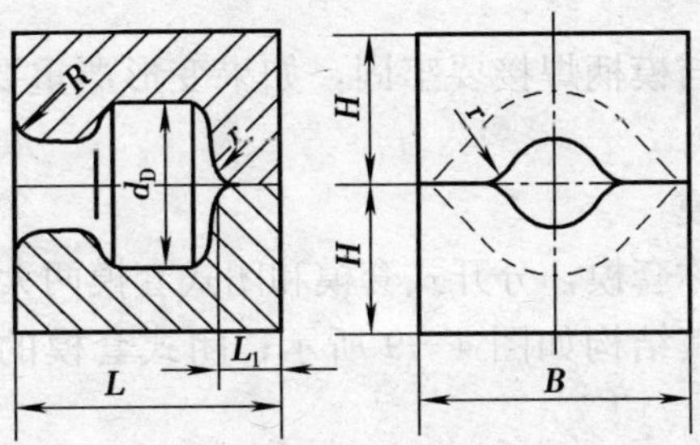

图 4—7　制坯摔子

二、扣模

扣模用来锻制简单非回转体锻件，也可为合模制坯，扣模分开口和闭口两种。用于锻制锻件的扣模常采用导锁定位防止错模。用于为合模制坯的扣模，一般情况可不用定位装置。扣模结构如图 4—8 所示。

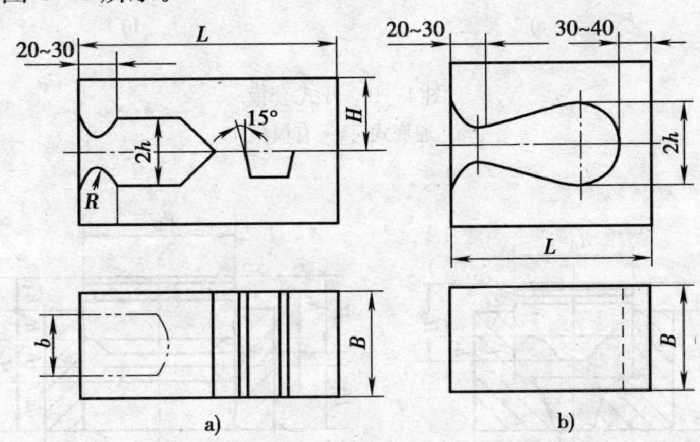

图 4—8　扣模结构

a）导锁定位开口模　b）无定位开口模

扣模的操作及维护：

(1) 将热坯料放进扣模内成型，操作时不转动，上下模打靠。

(2) 扣模与模柄焊接要牢固，如果变形严重要修理或报废，用后定点堆放。

三、套筒模

套筒模又称套模，分开式套模和闭式套模两大类型。开式套模又称模垫，其结构如图 4—9 所示；闭式套模的结构如图 4—10 所示。

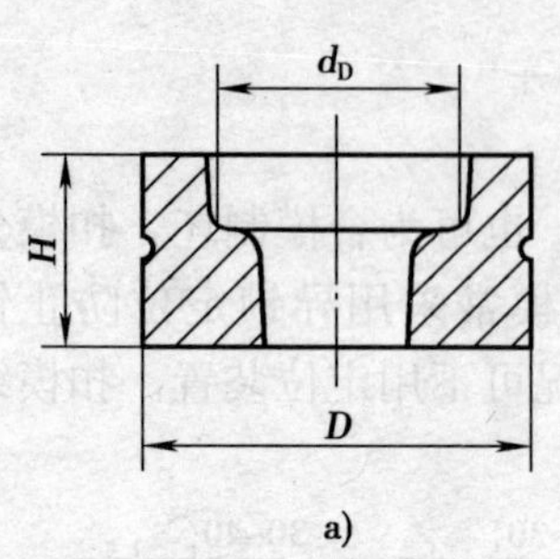

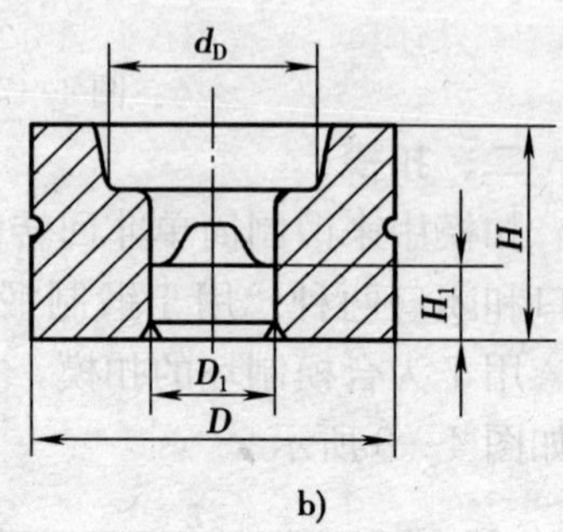

图 4—9 开式套模

a) 通底式 b) 有模垫片

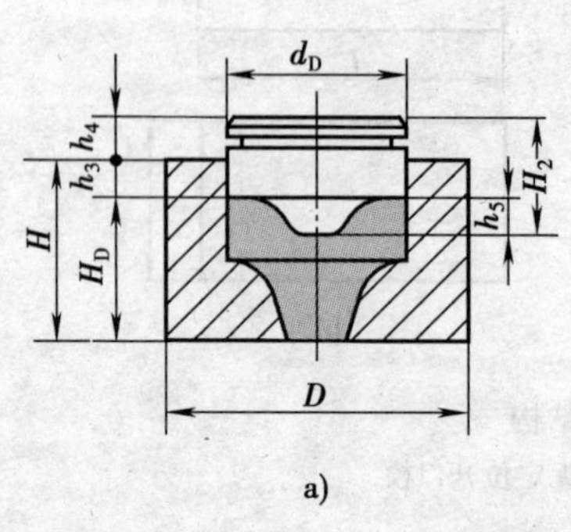

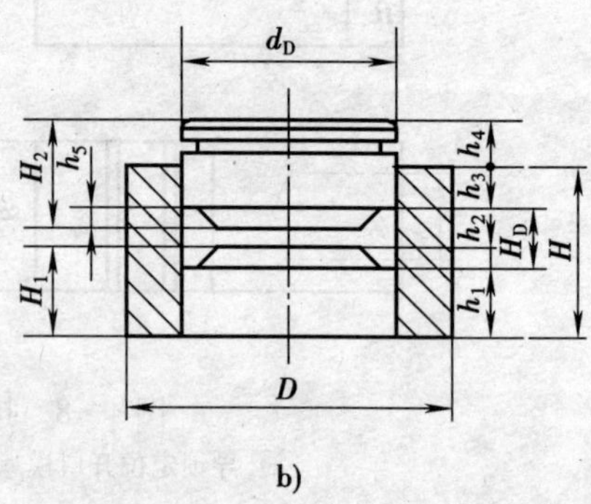

图 4—10 闭式套模

a) 无垫模式 b) 有垫模式

套筒模的操作及维护：

(1) 坯料放进模内前应先除净氧化皮。

(2) 配合面间隙要均匀，不生成纵向毛刺，出模要顺利。

(3) 使用时模具应润滑，使用后应防锈。

(4) 注意模具冷却，冬季使用前应预热。

四、合模

合模由上模、下模和导向装置三部分构成，分模面上制有飞边槽，如图 4—11 所示。合模（带定位销）主要用于非旋转体类直、弯、枝、叉杆等复杂形状锻件的制坯和成型。按导向定位结构的不同，合模又分为定位销、导锁或导套定位。

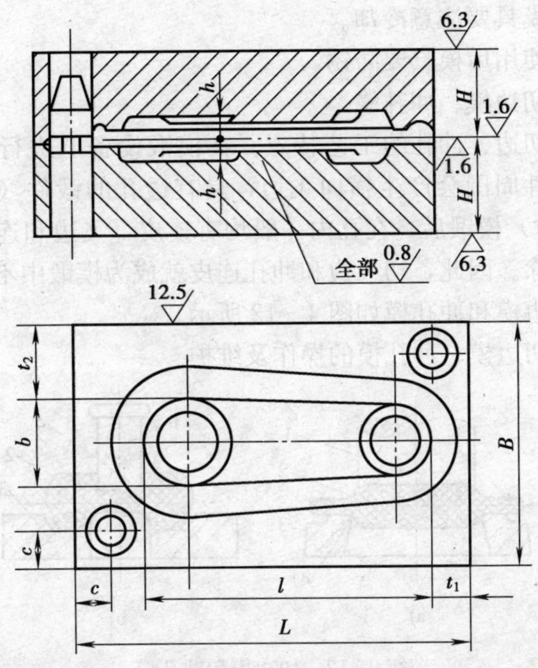

图 4—11　合模结构

合模由于采用导锁定位有许多优点，如定位可靠，防止错移力强，不易损坏及起模方便，因此，多用于分模面为曲面错移力较大的合模上。

定位销多用在分模面为水平面的合模上。

导套一般用在小型胎模上。其导向效果良好，不易损坏，但模块周围表面加工精度要求较高，导套有矩形与圆形两种。

合模的操作及维护：

（1）使用前应预热。

（2）每件都应润滑。

（3）坯料必须除净氧化皮。

（4）模具要注意冷却。

（5）使用后模具要防锈。

五、切边模、冲孔模

（1）切边、冲孔的工艺特点。在模锻设备上进行开式模锻后，沿锻件周围会产生横向飞边，具有透孔的锻件（孔径大于ϕ30 mm 时）模锻后，在孔内一般均有连皮，飞边和连皮都应从锻件上切除。因此，切飞边和冲孔连皮就成为模锻中不可缺少的工序。切边模和冲孔模如图 4—12 所示。

（2）切边模、冲孔模的操作及维护

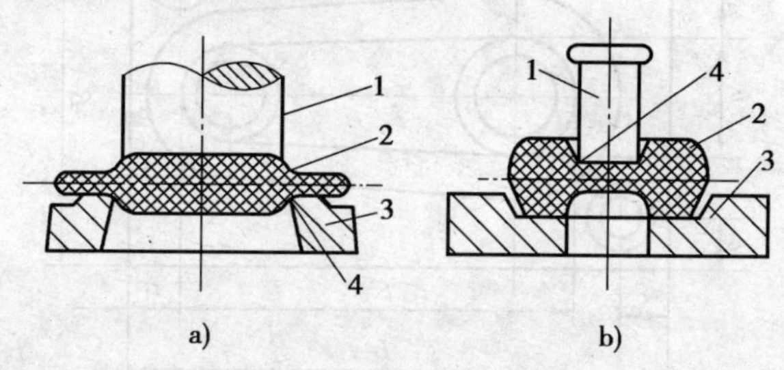

图 4—12　切边模和冲孔模

a）切边模　b）冲孔模

1—凸模　2—锻件　3—凹模　4—剪切刃口

1）在切边过程中，要经常注意压板螺钉与紧固冲头的斜楔是否松动，若发现松动，需立即停车紧固。

2）经常检查切边后锻件飞边是否均匀，残余毛刺是否超差，适当、及时地调整切边模间隙。

3）切边、冲孔模一般不需预热，但应经常进行冷却及润滑，特别是冲较深的孔时，用石墨和水冷却及润滑模具可以显著提高模具使用寿命。

4）模具刃口磨损后应及时修复，保证切边和冲孔质量。

六、校正模

锻件在模锻、切边、冲孔等工序之间运送过程中，由于种种原因会产生变形，特别是轴类锻件和厚度较薄及截面变化较大的锻件。为了确保锻件达到规定的技术要求，需对锻件进行校正。

（1）校正模的结构。校正模可分为整体式和镶块式两种。校正模膛是根据校正用的锻件图样（冷或热锻件图）来设计的。

（2）校正模的操作及维护

1）锻件在校正模内应放在正确的位置上。

2）校正时，应避免用锻锤和摩擦压力机的全能量打击，否则多余能量被模具和设备吸收，不利于提高模具和设备的使用寿命，同时会产生新的薄且小的飞边而无法切除。

模块三　胎模锻造工艺

一、胎模锻的特点

胎模锻是在自由锻设备上使用胎模生产模锻件的一种方法。它在以自由锻设备为主的中小型工厂中被广泛采用，多为中小批生产。胎模锻为这些工厂提供了在自由锻设备上生产模锻件的有效方法。胎模锻与自由锻相比，在提高锻件质量，节省金属材料，提高劳动生产率，降低成本等方面都有很好的效果。

胎模锻工艺比较灵活，锻件由于生产批量、设备不同，可以采用不同的锻造工艺，以得到较好的经济效果。

胎模锻的制坯方法也极为灵活，可用自由锻制坯，也可用胎模锻制坯。对质量较大的锻件，可以利用胎模锻的灵活性，采取分段模锻或局部模锻，以及其他措施在较小吨位的锻锤上进行锻造。

二、胎模锻常用工艺方案的选定

1. 齿轮类锻件

齿轮类锻件的工艺主要与轮毂高低、轮辐形状及孔径大小有关。在锻造过程中常用套模成型，因而考虑工艺和模具时定位问题非常重要。

(1) 工艺选择原则

1) 无孔单边轮毂齿轮，锻锤吨位足够时，采用跳模锻造。其优点是生产率最高、劳动强度小、操作人员少，但要增加切边工序，锻锤吨位小时采用开式套模。

2) 有轮毂及轮辐齿轮，常是将坯料镦粗后，以外径定位，在闭式套模内挤出轮辐及轮毂。

3) 高轮毂齿轮，一般多采用轮毂定位，套模镦挤成型。

4) 薄辐齿圈类锻件，通常尺寸较大，工艺过程较复杂，设备吨位足够时，亦可采用套模成型。

(2) 齿轮锻件胎模锻工艺

齿轮锻件材料：45 钢。

锻件质量：2.85 kg。

坯料尺寸：ϕ70 mm×100 mm。

锻造设备：400 kg 空气锤。

火次：一火。

工序：1—镦粗；2—终锻；3—冲孔。如图 4—13 所示。

2. 法兰类锻件

(1) 工艺选择原则。小型锻件与齿轮类相似，大、中型法兰

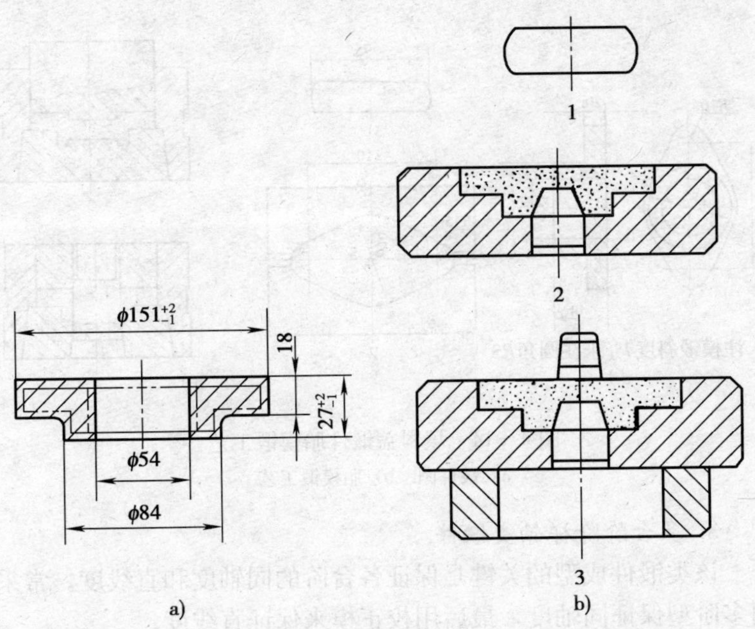

图 4—13　齿轮锻件胎模锻工艺

a）锻件图　b）胎模锻工艺

最有效的办法是外翻边或内冲挤（内翻边）。外翻边的工步是先锻成圆筒后翻边，内冲挤的工步是先根据法兰的凸起部分金属的体积，将坯料锻成平坯、有突起的初坯或有凹孔的初坯，然后冲挤成型。

（2）填料盖锻件胎模锻工艺

填料盖锻件材料：Q235A。

锻件质量：1.57 kg。

锻造设备：250 kg 空气锤。

火次：一火。

工序：1—镦粗；2—扣菱形；3—终锻；4—冲孔。如图 4—14 所示。

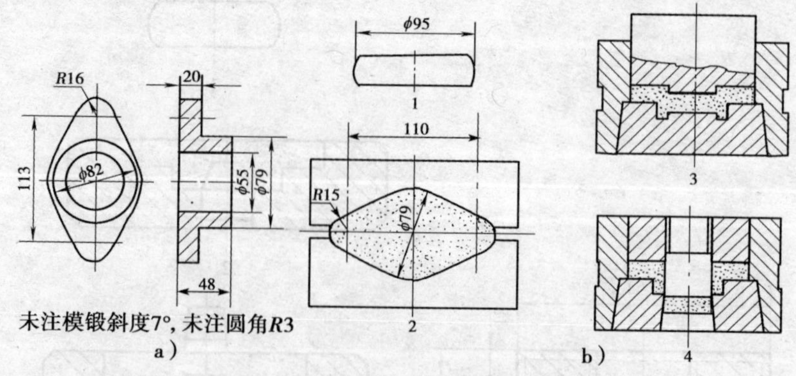

图 4—14　填料盖锻件胎模锻工艺

a）锻件图　b）胎模锻工艺

3. 多台阶阶梯轴类锻件

该类锻件成型的关键是保证各台阶的同轴度和直线度。常采用多阶型保证同轴度，最后用校正模来保证直线度。

（1）工艺选择原则。锻件直径平滑变化，采用型摔成型最为合理。因为坯料直径较小，锻件杆部细长，为在一火内完成全部锻造工序，必须快速拔长和摔形。

（2）变速杆锻件胎模锻工艺

变速杆锻件材料：Q235A。

锻件质量：0.45 kg。

坯料尺寸：ϕ30 mm×100 mm。

锻造设备：150 kg 空气锤。

火次：一火。

工序：1—摔球；2—拔杆摔光；3—调头拔杆、摔光、校正。如图 4—15 所示。

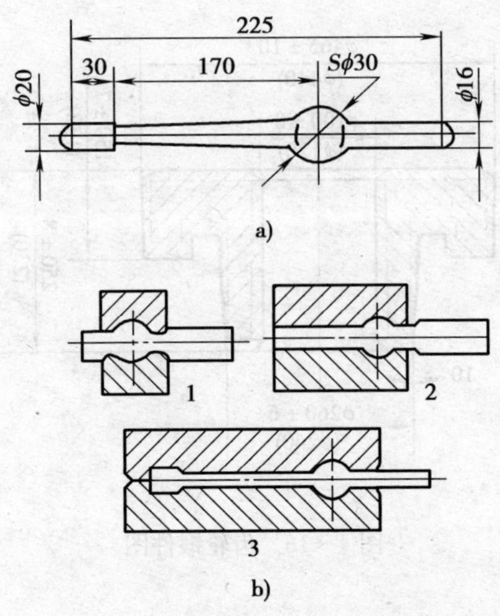

图 4—15　变速杆锻件胎模锻工艺

a）锻件图　b）胎模锻工艺

模块四　胎模锻造操作

一、锻件图

（1）如图 4—16 所示齿轮锻件图主视图为全剖视图。锻件图轮廓线用粗实线表示，机加工后的零件轮廓线用双点画线表示。机加工后的零件尺寸标在相应的锻件尺寸下方，并加小括号。

（2）尺寸标注。齿轮锻件图的设计基准是 ϕ100±8 mm 孔的中心线。外圆 ϕ465±10 mm，总高度尺寸为 250±8 mm，凸台高度尺寸为 150±7 mm，模锻斜度 10°。

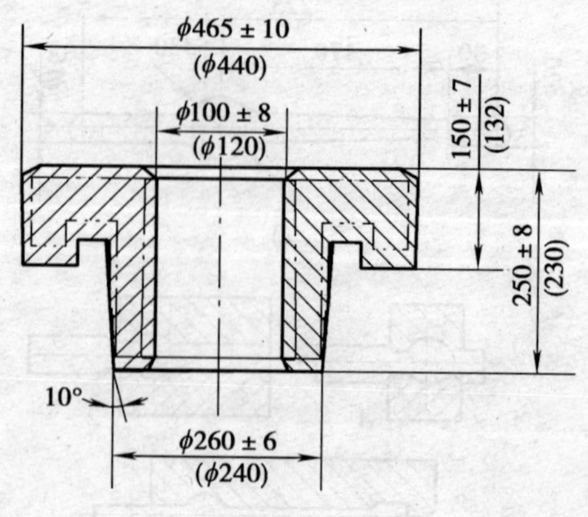

图 4—16　齿轮锻件图

二、技术要求

（1）法兰与凸台的同轴度为 $\phi3$ mm。

（2）凸台壁厚允许偏差小于等于 3 mm。

（3）表面不得有裂纹、深痕等缺陷。

（4）法兰根部不允许出现深痕、折叠。

（5）材料：45 钢。

三、锻前准备

（1）熟悉有关锻粗、冲孔等方面的技术资料。

（2）准备好工具、量具。如夹钳、冲头（2 支）、套模、垫盘、卡钳、钢直尺等。

（3）检查坯料规格。选用 $\phi250$ mm 圆钢坯，质量 240 kg。坯料表面有无凹坑、划痕、裂纹等缺陷。

（4）检查加热炉及 2 t 锻锤是否能正常工作。

（5）清理锻锤周围的工作场地。

四、锻造要求

（1）变形工步。镦粗—终锻—冲孔。参考图 4—13 所示齿轮锻件胎模锻工艺。

（2）位置要求。法兰与两凸台的同轴度为 ϕ3 mm，凸台壁厚允许偏差小于等于 3 mm。

（3）表面质量。锻件表面不允许存在裂纹、深痕等缺陷。法兰根部不允许出现深痕、折伤。

（4）火次要求。要求此锻件在两火内完成。始锻温度 1 200℃，终锻温度 800℃。

五、操作方法

（1）操作前应将胎模预热至 150～250℃，并均匀热透，以防止在使用时发生破裂，未经预热的胎模不允许使用，如图 4—17 所示。

图 4—17 胎模

（2）坯料先通过自由锻镦粗，坯料直径小于胎模内径，坯料高度大于胎模高度 20 mm，如图 4—18 所示。

（3）坯料放入套模中，镦粗时必须将坯料放正，快速镦粗，不得镦歪，如图 4—19 所示。

（4）冲孔时两冲头中心必须对正，如图 4—20、图 4—21 所示。

图 4—18　坯料放入套模

图 4—19　镦粗

（5）垫块放在套模坯料上，轻打、脱模，如图 4—22、图 4—23 所示。

六、容易出现的问题和解决方法

（1）镦粗时出现裂纹。镦粗时每次压下量控制在材料塑性所允许的范围内。

（2）法兰盘与杆部的同轴度不易保证。将套模外径加工成与法兰盘直径同样大小，镦粗结束后进行修整时，将法兰放倒，并

图 4—20　第一次冲孔

图 4—21　翻转 180°冲孔

沿法兰圆周方向进行滚锻，直到法兰盘直径与套模外径一致。

（3）冲孔歪斜。冲头采用大、小两种定位漏盘定位。

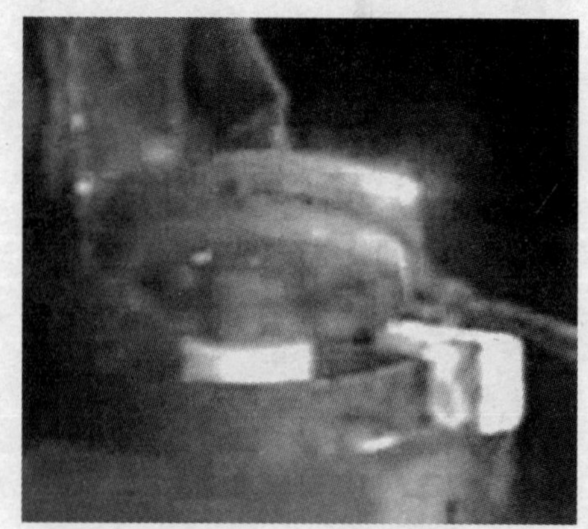

图 4—22　脱模

图 4—23　成品